全国高等职业教育公共课"十三五"规划教材

大学计算机应用基础
（Windows 10+Office 2013）

谢晖晖　李　伟　车开森　主　编

孙震源　曾　涛　黄　翔　黄艳兰　副主编

U0310708

中国铁道出版社有限公司

CHINA RAILWAY PUBLISHING HOUSE CO., LTD.

内 容 简 介

本书是一本讲述计算机基础知识和应用的教程，以 Windows 10、Office 2013 为基础，主要内容包括计算机基础知识、Windows 10 操作系统、Word 2013 文字处理软件、Excel 2013 电子表格软件、PowerPoint 2013 演示文稿制作软件及移动互联网等新一代信息技术。为方便教师和学生上机实训，本书配有《大学计算机应用基础实验指导与习题（Windows 10+Office 2013）》一书。

本书适合作为高职高专教学用书，也可作为普通高校、中等职业学校及其他各类计算机基础及 MS Office 培训班的教学用书，还可作为计算机爱好者的自学参考书。

图书在版编目（CIP）数据

大学计算机应用基础：Windows 10+Office 2013/谢晖晖，李伟，车开森主编. —北京：中国铁道出版社有限公司，2019.7（2021.9重印）

全国高等职业教育公共课"十三五"规划教材

ISBN 978-7-113-25881-8

Ⅰ.①大… Ⅱ.①谢…②李…③车… Ⅲ.①Windows 操作系统-高等职业教育-教材②办公自动化-应用软件-高等职业教育-教材

Ⅳ.①TP316.7②TP317.1

中国版本图书馆 CIP 数据核字（2019）第 113814 号

书　　名：大学计算机应用基础（Windows 10+Office 2013）

作　　者：谢晖晖　李　伟　车开森

策　　划：王春霞　徐海英　　　　　编辑部电话：(010) 63551006

责任编辑：王春霞　冯彩茹

封面设计：付　巍

封面制作：刘　颖

责任校对：张玉华

责任印制：樊启鹏

出版发行：中国铁道出版社有限公司（100054，北京市西城区右安门西街8号）

网　　址：http://www.tdpress.com/51eds/

印　　刷：北京柏力行彩印有限公司

版　　次：2019 年 7 月第 1 版　　2021 年 9 月第 2 次印刷

开　　本：850 mm×1 168 mm 1/16　印张：17.5　字数：423 千

书　　号：ISBN 978-7-113-25881-8

定　　价：48.00 元

前　言

　　"大学计算机应用基础"课程是高校各专业学生的必修基础课，具有很强的实用性和实践性。随着 IT 技术、计算机技术日新月异的发展，对高职院校计算机基础教学和实训的内容和方法提出了很多新的要求。

　　根据高等职业教育的人才培养目标，参照教育部考试中心最新发布的《全国计算机等级考试大纲》要求，结合大学计算机基础教学实际情况和当前办公自动化应用对计算机技能的基本要求，我们编写了《大学计算机应用基础（Windows 10+Office 2013）》教材。同时将近年来移动互联网等新一代信息技术的一些基础知识和技能融入教学体系，力求做到知识体系与能力目标相兼顾、应用性与实用性相结合，满足社会对高素质应用型技能人才的需求。

　　本着"工学结合"的原则，我们在编写过程中以任务为载体，突出学生的能力目标，充分体现教师主导和学生主体，满足知识、理论、实践一体化课程教学需要，将人才培养的核心素质和能力，如思想品德、人文素养、解决问题能力、信息处理能力、创新能力、合作能力、自学能力等渗透到教材中，使学生在完成本课程的学习后，掌握基本的信息技术，提升办公自动化基础能力，能够参加计算机应用等级考试"一级 MS Office"认证。全书共包括 6 个项目，结合当下最新操作系统 Windows 10、Microsoft Office 2013 以及移动互联网等新一代信息技术而编写。同时，还配套编写了《大学计算机应用基础（Windows 10+Office 2013）实训指导与习题》，书中提供了大量实训项目、习题和计算机等级考试模拟试题。

　　本书由谢晖晖、李伟、车开森任主编，孙震源、曾涛、黄翔、黄艳兰任副主编。参加编写的还有谭国飞、李祖睿、赵程鹏。

　　由于时间仓促加之编著水平有限，书中难免存在不足和疏漏之处，敬请广大读者批评指正。

编　者

2019 年 4 月

目 录

I

单元 1

计算机基础知识

【学习目标】

- 了解计算机的发展。
- 掌握计算机的组成。
- 能陈述电子计算机经历了哪些发展阶段。
- 能详细介绍计算机由哪些部分组成。
- 能合理选购和配置个人计算机。
- 能简要陈述计算机程序的执行过程。

1.1 认识计算机

1.1.1 计算机概述

1. 计算机的概念

电子计算机（Computer）是一种高效的信息处理工具，它具有运算、逻辑判断和记忆等功能，是一种能够按照指令对各种数据和信息进行自动化加工处理的电子设备。计算机是人类历史上最伟大的发明之一，它将人类从工业时代带入了信息时代。如今计算机已广泛应用到各行各业，成为人们的好助手。计算机的特点可以从下述几方面描述。

① 运算能力。计算机内部有个承担运算的部件称为运算器，它是由一些数据逻辑电路构成的。计算机运算速度快，每秒能进行几十亿次乃至数万亿次加减运算。例如，气象预报要分析大量资料，运算速度必须跟上天气变化，否则就失去预报的意义。

② 计算精度。数字式电子计算机用离散的数字信号形式模拟自然界的连续物理量，无疑存在

一个精度问题。一般的计算机均能达到 15 位有效数字，通过一定的手段可以实现任何精度要求。例如历史上一位数字家花了 15 年时间计算圆周率才算到 7 071 位，而现在的计算机几个小时就可以计算到 10 万位。

③ 记忆能力。在计算机中有一个承担记忆功能的部件称为存储器。计算机存储器的容量可以做得很大，能存储大量数据。

④ 逻辑判断能力。逻辑判断能力就是因果关系分析能力。分析命题是否成立，以便做出相应对策。计算机的逻辑判断能力是通过程序实现的，可以让它做各种复杂的推理。

⑤ 自动执行程序的能力。计算机是自动化的电子装置，在工作过程中不需要人工干预就能自动执行存放在存储器中的程序。程序是人经过仔细规划事先安排好的，一旦设计好并将程序输入计算机，向计算机发出命令，程序就立即执行，如机器人程序、自动化机床程序和无人驾驶飞机程序等。

2. 计算机的发展

1）计算机的诞生

英国科学家艾伦·图灵于 1936 年提出了现代计算机的理论模型。这个模型由处理器、读写头和存储带组成，由处理器控制读写头在存储带上左右移动写入或读出符号，该模型对现代数字计算机的一般结构、可实现性和局限性产生了很大的影响。后来美籍匈牙利科学家冯·诺依曼提出使用二进制将计算指令和数据事先存放在存储器中，由处理部件完成计算、存储、通信等工作，并对所有计算进行集中的顺序控制，重复"寻址→取指令→翻译指令→执行指令"的运行过程。这种模式确立了现代计算机的基本结构。

1946 年 2 月 15 日，美国物理学家莫奇利（Mauchly）和他的学生埃克特（Echert）在宾夕法尼亚大学研制出了世界上第一台全自动电子数字积分计算机，命名为 ENIAC（Electronic Numerical Integrator and Calculator），ENIAC 使用了 18800 个电子管，占地 170 m^2，重约 30 t，功率达 150 kW，每秒运算 5 000 次。虽然它与当今的计算机相比很落后，但 ENIAC 标志着人类从此进入了电子计算机时代。

2）计算机的发展过程

计算机诞生至今，由于构成其基本部件的电子器件发生了几次重大的变化，计算机技术得到突飞猛进的发展。人们按计算机所采用主要电子器件的变化，将计算机的发展历史划分为以下几个时代：

（1）第一代计算机（1946—1957 年）

第一代计算机主要采用电子管作为计算机的基本逻辑部件，具有体积大、笨重、耗电量多、可靠性差、速度慢、维护困难等特点；在软件方面，第一代计算机主要使用机器语言进行程序的开发设计（20 世纪 50 年代中期开始使用汇编语言）。这一代计算机主要用于科学计算领域，其中具有代表意义的机器有 ENIAC、EDVAC、EDSAC、UNIVAC 等。

（2）第二代计算机（1958—1964 年）

第二代计算机电子元件采用半导体晶体管，计算速度和可靠性都有了大幅度的提高。人们开始使用计算机高级语言（如 FORTRAN 语言、COBOL 语言等）。计算机的应用范围开始扩大，由科学计算领域扩展到数据处理、事务处理及自动控制领域。在这一时期，典型产品有 IBM1400 和 IBM1600 等。

（3）第三代计算机（1965—1970 年）

第三代计算机的电子元件主要采用中、小规模的集成电路，计算机的体积、质量进一步减小，运算速度和可行性进一步提高。特别是在软件方面，操作系统的出现使计算机的功能越来越强。此时，计算机的应用又扩展到文字处理、企业管理、交通管理、情报检索等领域。这一时期具有代表意义的机器有 Honeywell6000 系列和 IBM360 系列等。BASIC 语言作为一种简单易学的高级语言开始被广泛使用。

（4）第四代计算机（1971 年至今）

第四代计算机是采用大规模集成电路和超大规模集成电路制造的计算机。软件技术获得飞速发展，并行处理技术、多机系统、数据库系统、分布式系统和网络等都更加成熟，并开始了智能模拟研究等。

在第四代计算机的发展过程中，仅以 Intel 公司为微型机研制的微处理器而论，它就经历了 4004、8080、8086、80286、80386、80486、Pentium、Pentium Pro、Pentium II、Pentium III、Pentium IV 和酷睿等若干代。

3）计算机的发展方向

随着超大规模集成电路技术的不断发展和计算机应用的不断扩展，世界上许多国家正在研究新一代的计算机系统。未来的计算机将向巨型化、微型化、网络化和智能化方向发展。

（1）巨型化

巨型化是指发展高速度、大存储量和强功能的巨型计算机。这是为了满足天文、气象、原子、核反应等尖端科学的需要，也是为了使计算机具有类似人脑的学习、推理等复杂功能。

（2）微型化

超大规模集成电路技术的发展使计算机的体积越来越小，功耗越来越低，性能越来越强，随着微处理器的不断发展，计算机已经应用到仪表和家电等电子产品中。

（3）网络化

通过通信线路将分布在不同地点的计算机连接成一个规模大、功能强的网络系统，可以方便地进行信息的收集、传递和计算机软硬件资源的共享。目前互联网的发展已经渗透到了社会的各个领域。

（4）智能化

智能化是指发展具有人类智能的计算机。智能计算机是能够模拟人的感觉、行为和思维的计算机。智能计算机也称新一代计算机，目前许多国家都为这种更高性能的计算机进行了大量的投入。

3. 计算机的分类

1）按处理方式分类

按处理方式不同，计算机分为模拟式计算机、数字式计算机以及数字模拟混合式计算机。模拟式计算机主要用于处理模拟信息，如工业控制中的温度和压力等。模拟计算机的运算部件是一些电子电路，其运算速度快，但精度不高，使用也不够方便。数字式计算机采用二进制运算，其特点是解题精度高，便于存储信息，是通用性很强的计算工具，既能胜任科学计算和数字处理，也能进行过程控制和 CAD/CAM 等工作。混合式计算机取数字、模拟式计算机之长，既能高速运算，又便于存储信息，但这类计算机造价昂贵，现在人们所使用的大都属于数字计算机。

2）按功能分类

在功能上计算机一般可分为专用计算机和通用计算机。专用计算机功能单一、可靠性高、结构简单、适应性差，但在特定用途下最有效、最经济、最快速，是其他计算机无法替代的，如军事系统、银行系统专用计算机。通用计算机功能齐全、适应性强，目前人们所使用的大多是通用计算机。

3）按规模分类

按照计算机规模并参考其运算速度、输入/输出能力和存储能力等因素，通常将计算机分为巨型机、大型机、中型机、小型机和微型机等。

巨型机运算速度快、存储量大、结构复杂、价格昂贵，主要用于尖端科学研究领域，如 IBM390 系列、银河机等。

大型机规模次于巨型机，有比较完善的指令系统和丰富的外围设备，主要用于计算机网络和大型计算机中心，如 IBM 4300。

中型机的规模小于大型机，但大于小型机。

小型机较大型机成本较低，维护也较容易。小型机用途广泛，既可用于科学计算和数据处理，也可用于生产过程自动控制、数据采集及分析处理等。

微型机由微处理器、半导体存储器和输入/输出接口等芯片组成，使它比小型机体积更小、价格更低、灵活性更好、可靠性更高、使用更加方便。目前许多微型机的性能已超过以前的大中型机。

4）按其工作模式分类

计算机可分为服务器和工作站两类。

（1）服务器

服务器是一种可供网络用户共享的高性能的计算机，服务器一般具有大容量的存储设备和丰富的外围设备，其中运行网络操作系统要求较高的运行速度，为此很多服务器都配置了多个CPU。服务器上的资源可供网络用户共享。

（2）工作站

工作站是高档微机，它易于联网，配有大容量主存、大屏幕显示器，特别适合于 CAD/CAM 和办公自动化。

4．计算机的应用领域

计算机具有高速度运算、逻辑判断、大容量存储和快速存取等特性，在现代人类社会的各种活动领域它都将成为越来越重要的工具。

计算机的应用范围相当广泛，涉及科学研究、军事技术、信息管理、工农业生产、文化教育等各个方面，可概括为以下几个方面：

1）科学计算（数值计算）

科学计算是计算机最重要的应用之一，如工程设计、地震预测、气象预报、火箭和卫星发射等都需要由计算机承担庞大复杂的计算任务。

2）数据处理（信息管理）

当前计算机应用最为广泛的是数据处理。人们用计算机收集、记录数据，经过加工产生新的信息形式。

3）过程控制（实时控制）

计算机是生产自动化的基本技术工具，它对生产自动化的影响有两个方面：一是在自动控制理论上，现代控制理论处理复杂的多变量控制问题，其数学工具是矩阵方程和向量空间，必须使用计算机求解；二是在自动控制系统的组织上，由数字计算机和模拟计算机组成的控制器，是自动控制系统的大脑。计算机按照设计者预先规定的目标和计算程序以及反馈装置提供的信息指挥执行机构动作。在综合自动化系统中，计算机赋予自动控制系统越来越高的智能性。

4）计算机通信

现代通信技术与计算机技术相结合构成联机系统和计算机网络，这是微型机具有广阔前途的一个应用领域。计算机网络的建立不仅解决了一个地区、一个国家中计算机之间的通信和网络内各种资源的共享，还可以促进和发展国际上的通信和各种数据的传输与处理。

5）计算机辅助工程

计算机辅助设计（CAD），即利用计算机高速处理、大容量存储和图形处理的功能而使辅助设计人员进行产品设计的技术。计算机辅助设计技术已广泛应用于电路设计、机械设计、土木建筑设计以及服装设计等各个方面。

计算机辅助制造（CAM），即在机器制造业中利用计算机及各种数控机床和设备，自动完成离散产品的加工、装配、检测和包装等制造过程的技术。

计算机辅助教学（CAI），即学生通过与计算机系统之间的对话实现教学的技术。

其他计算机辅助系统，如利用计算机辅助产品测试的计算机辅助测试（CAT），利用计算机对学生的教学、训练和对教学事务进行管理的计算机辅助教育（CAE），利用计算机对文字、图像等信息进行处理、编辑、排版的计算机辅助出版系统（CAP）等。

6）人工智能

人工智能是利用计算机模拟人类某些智能行为（如感知、思维、推理、学习等）的理论和技术。它是在计算机科学、控制论等基础上发展起来的边缘学科，包括专家系统、机器翻译、自然语言理解等。

7）多媒体技术

多媒体计技术是应用计算机技术将文字、图像、图形和声音等信息以数字化的方式进行综合处理，从而使计算机具有表现、处理、存储各种媒体信息的能力。多媒体技术的关键是数据压缩技术。

8）电子商务

电子商务（E-Business）是指利用计算机和网络进行的商务活动，具体地说是指综合利用 LAN（局域网）、Intranet（企业内部网）和 Internet 进行商品与服务交易、金融汇兑、网络广告或提供娱乐节目等商业活动。交易的双方可以是企业与企业之间（B to B），也可以是企业与消费者之间（B to C）。电子商务是一种比传统商务更好的商务方式，它旨在通过网络完成核心业务、改善售后服务、缩短周转周期，从有限的资源中获得更大的收益，从而达到销售商品的目的，同时向人们提供新的商业机会、市场需求以及各种挑战。

9）信息高速公路

1993 年 9 月，美国政府推出了一项引起全世界瞩目的高科技系统工程——国家信息基础设施（National Information Infrastructure，NII），俗称"信息高速公路"，实质上就是高速信息电子网络。这项跨世纪的高科技信息基础工程的目标是用光纤和相应的软件及网络技术，把所有的企业、机关、学校、医院、图书馆以及普通家庭连接起来，使人们拥有更好的信息环境，做到无论何时、何地都能以最好的方式与自己想联系的对象进行信息交流。

1.1.2 计算机系统的组成

一个完整的计算机系统包括计算机硬件系统和计算机软件系统两大部分，如图 1-1 所示。

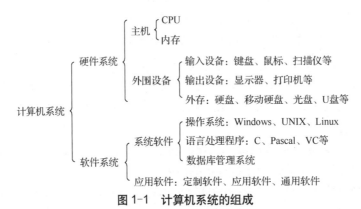

图 1-1 计算机系统的组成

计算机硬件（Hardware）系统是指构成计算机的各种物理装置，是看得见、摸得着的物理实体，它包括计算机系统中的一切电子、机械、光电等设备，是计算机工作的物质基础。计算机软件（Software）系统是指为运行、维护、管理、应用计算机所编制的所有程序和数据的集合。通常把不装备任何软件的计算机称为裸机，裸机向外部世界提供的只是机器指令，只有安装了必要的软件后用户才能较方便地使用计算机。

1．计算机硬件系统

计算机硬件系统一般由运算器、控制器、存储器、输入设备和输出设备五大部分组成，如图 1-2 所示，图中实线为数据流（各种原始数据、中间结果等），虚线为控制流（各种控制指令）。输入/输出设备用于输入原始数据和输出处理后的结果。存储器用于存储程序和数据。运算器用于执行指定的运算。控制器负责从存储器中取出指令，对指令进行分析、判断，确定指令的类型并对指令进行译码，然后向其他部件发出控制信号以指挥计算机各部件协同工作，控制计算机一步一步地完成各种操作。

1）运算器

运算器是对数据进行加工处理的部件，通常由算术逻辑部件（Arithmetic Logic Unit，ALU）和一系列寄存器组成。它的功能是在控制器的控制下对内存或外存中的数据进行算术运算（加、减、乘、除）和逻辑运算（与、或、非、比较、移位）。

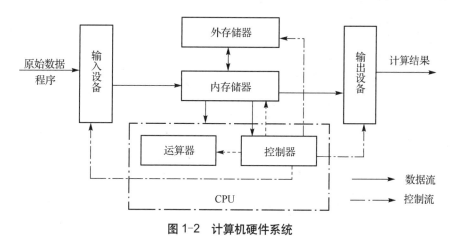

图 1-2　计算机硬件系统

2）控制器

控制器是计算机的神经中枢和指挥中心，在它的控制下整个计算机才能有条不紊地工作。控制器的功能是依次从存储器中取出指令、翻译指令、分析指令，并向其他部件发出控制信号以指挥计算机各部件协同工作。

运算器和控制器通常被合成在一块集成电路的芯片上，称为中央处理器（Central Processing Unit，CPU）。

3）存储器

存储器用来存储程序和数据，是计算机中各种信息的存储和交流中心。存储器通常分为内存储器和外存储器。

内存储器简称内存，又称主存储器，主要用于存放计算机运行期间所需的程序和数据。用户通过输入设备输入的程序和数据首先要被送入内存，运算器处理的数据和控制器执行的指令来自内存，运算的中间结果和最终结果也保存在内存中，输出设备输出的信息还是来自内存。内存的存取速度较快，容量相对较小。因内存具有存储信息和与其他主要部件交流信息的功能，故内存的大小及性能的优劣直接影响计算机的运行速度。

外存储器简称外存，又称辅助存储器，用于存储需要长期保存的信息，这些信息往往以文件的形式存在。外存中的数据 CPU 不能直接访问，要被送入内存后才能被使用，计算机通过内存、外存之间不断的信息交换来使用外存中的信息。与内存相比，外存容量大、速度慢。外存主要有磁带、硬盘、移动硬盘、光盘、U 盘等。

4）输入设备和输出设备

输入 / 输出（I/O）设备是计算机系统与外界进行信息交流的工具，其作用分别是将信息输入计算机和从计算机输出。

输入设备将信息输入计算机，并将原始信息转化为计算机能识别的二进制代码存放在内存中。常用的输入设备有键盘、鼠标、扫描仪、触摸屏、数字化仪、传声器、数码照相机、光笔、磁卡读入机、条形码阅读机等。

输出设备的功能是将计算机的处理结果转换为人们所能接收的形式并输出。常用的输出设备有显示器、打印机、绘图仪、影像输出系统和语音输出系统等。

通常把控制器、运算器和主存储器一起称为主机，而其余的输入/输出设备、外存储器等称为外围设备。

2. 计算机软件系统

软件是指程序、程序运行所需要的数据，以及开发、使用和维护这些程序所需要的文档的集合。计算机软件极为丰富，要对软件进行恰当地分类是相当困难的。一种通常的分类方法是将软件分为系统软件和应用软件两大类。实际上，系统软件和应用软件的界限并不十分明显，有些软件既可以认为是系统软件，也可以认为是应用软件，如数据库管理系统。

1）系统软件

系统软件是指控制计算机的运行、管理计算机的各种资源，并为应用软件提供支持和服务的一类软件。在系统软件的支持下，用户才能运行各种应用软件。系统软件通常包括操作系统、语言处理程序和各种实用程序。

(1) 操作系统（Operating System，OS）

为了使计算机系统的所有软、硬件资源协调一致、有条不紊地工作，就必须有一个软件进行统一的管理和调度，这种软件就是操作系统。操作系统的主要功能是管理和控制计算机系统的所有资源（包括硬件和软件）。

一般而言，引入操作系统有两个目的：第一，从用户的角度来看，操作系统将裸机改造成一台功能更强，服务质量更高，使用更加灵活方便、安全可靠的虚拟机，以使用户无须了解许多有关硬件和软件的细节就能使用计算机，从而提高用户的工作效率；第二，为了合理地使用系统内包含的各种软、硬件资源，提高整个系统的使用效率和经济效益。

操作系统的出现是计算机软件发展史上的一个重大转折，也是计算机系统的一个重大转折。

操作系统是最基本的系统软件，是现代计算机必配的软件。操作系统的性能很大程度上直接决定了整个计算机系统的性能。

常用的操作系统有 Windows、UNIX、Linux、OS/2、Novell NetWare 等。

(2) 实用程序

实用程序完成一些与管理计算机系统资源及文件有关的任务。通常情况下，计算机能够正常地运行，但有时也会发生各种类型的问题，如硬盘损坏、病毒的感染、运行速度下降等。预防和解决这些问题是一些实用程序的功能之一。另外，有些实用程序是为了用户能更容易、更方便地使用计算机，如压缩磁盘上的文件，以提高文件在 Internet 上的传输速度。当今的操作系统都包含一些实用程序，如 Windows 中的备份、磁盘清理、磁盘碎片整理程序等，软件开发商也提供了一些独立的实用程序，如 Norton System Works 等。

实用程序有许多，最基本的有以下 5 种：

① 诊断程序。它能够识别并且改正计算机系统存在的问题。例如，Windows 10 中控制面板上"系统"图标所表示的程序列出了安装在系统中的所有设备的详细情况，如果某个设备安装不正确，它就会指出这个问题。还有 ScanDisk 能够彻底检查磁盘，查找磁盘上存在的存储错误，并进行自动修复。

② 反病毒程序。病毒是一种人为设计的以破坏磁盘上的文件为目的的程序。反病毒程序可以查找并删除计算机上的病毒。因为每一天都有病毒产生，所以反病毒程序必须不断地更新才能保

持杀毒效力，如国产的金山毒霸、KV3000 反病毒程序等。

③ 卸载程序。即从硬盘上安全和完全地删除一个没有用的程序和相关的文件，如 Windows 10 中控制面板上"添加／删除程序"图标所表示的程序等。

④ 备份程序。即把硬盘上的文件复制到其他存储设备上，以便原文件丢失或损坏后能够恢复，如 Windows 10 中的备份程序等。

⑤ 文件压缩程序。即压缩磁盘上的文件，减小文件的长度，以便更有效地在 Internet 上传输，如 WinRAR、WinZip 等。

（3）程序设计语言与语言处理程序

① 程序设计语言。人们要利用计算机解决实际问题，一般首先要编制程序，程序设计语言就是用户用来编写程序的语言，它是人们与计算机之间交换信息的工具，实际上也是人们指挥计算机工作的工具。

程序设计语言是软件系统的重要组成部分，一般可分为机器语言、汇编语言和高级语言三类。

机器语言是第一代计算机语言，它是由 0、1 代码组成的、能被机器直接理解、执行的指令集合。这种语言编程质量高、所占空间小、执行速度快，是机器唯一能够执行的语言，但机器语言不易学习和修改，且不同类型的机器其机器语言不同，只适合专业人员使用。现在已经没有人用机器语言直接编程。

汇编语言采用一定的助记符来代替机器语言中的指令和数据，又称符号语言。汇编语言一定程度上克服了机器语言难读、难改的缺点，同时保持了编程质量高、占存储空间少、执行速度快的优点，故在程序设计中，对实时性要求较高的地方（如过程控制等）仍经常采用汇编语言。该语言也依赖于机器，不同的计算机一般也有着不同的汇编语言。

机器语言和汇编语言都是面向机器的语言，一般称为低级语言。汇编语言再向自然语言方向靠近，便发展到高级语言阶段。用高级语言编写的程序易学、易读、易修改，通用性好，不依赖于机器。但机器不能对其编制的程序直接运行，必须经过语言处理程序的翻译，才可以被机器接受。高级语言的种类繁多，如面向过程的 FORTRAN、PASCAL、C 等，面向对象的 C++、Java、Visual Basic 等。

② 语言处理程序。对于用某种程序设计语言编写的程序，通常要经过编辑处理、语言处理、装配连接处理后，才能在计算机上运行。

汇编程序是将用汇编语言编写的程序（源程序）翻译成机器语言程序（目标程序），这一翻译过程称为汇编。汇编语言开发程序功能如图 1-3 所示。

图 1-3　汇编语言开发程序过程示意图

编译程序是将用高级语言编写的程序（源程序）翻译成机器语言程序（目标程序），这个翻译过程称为编译。

解释程序是边扫描边翻译边执行的翻译程序，解释过程不产生目标程序。

（4）数据库管理系统

为了有效地利用大量的数据并妥善地保存和管理这些数据，20 世纪 60 年代末产生了数据库系统（Data Base System，DBS）。数据库系统主要由数据库（Data Base，DB）、数据库管理系统（Data Base Management System，DBMS）组成，还包括硬件和用户。

数据库是按一定的方式组织起来的数据的集合，它具有数据冗余度小、可共享等特点。

数据库管理系统的作用就是管理数据库。一般具有建立数据库以及编辑、修改、增删数据库内容等数据维护功能；对数据的检索、排序、统计等使用数据库的功能；友好的交互式输入/输出能力；使用方便、高效的数据库编程语言；允许多用户同时访问数据库；提供数据独立性、完整性、安全性的保障。比较常用的数据库管理系统有 FoxPro、Oracle、Access 等。

2）应用软件

应用软件是用户为了解决实际问题而编制的各种程序，如各种工程计算、模拟过程、辅助设计和管理程序、文字处理和各种图形处理软件等。

常用的应用软件有各种 CAD 软件、MIS 软件、文字处理软件、IE 浏览器等。

3．计算机的基本原理

1）冯·诺依曼计算机

人类进入计算机时代是以 ENIAC 的诞生作为起始标志的，但是对后来的计算机在体系结构和工作原理具有重大影响的是在同一时期由美籍匈牙利数学家冯·诺依曼和他的同事们研制的 EDVAC 计算机。EDVAC 采用"程序存储"的概念，以此概念为基础的各类计算机统称为冯·诺依曼计算机，至今为止所出现的计算机全部是冯·诺依曼计算机。

冯·诺依曼计算机具有如下特点：①计算机由 5 个部分组成：运算器、控制器、存储器、输入设备和输出设备；②程序和数据以同等地位存放在存储器中，并按地址寻访；③程序和数据以二进制表示。

计算机经过几十年的发展，虽然在性能、运算速度、工作方式、应用领域等方面都发生了巨大的变化，但是基本结构没有改变，都是冯·诺依曼计算机。

2）计算机的基本工作原理

计算机开机后，CPU 首先执行固化在只读存储器（ROM）中的一小部分操作系统程序，这部分程序称为基本输入/输出系统（BIOS），它启动操作系统的装载过程。装载操作系统的过程称为自举或引导。操作系统被装载到内存后，计算机才能接收用户的命令，并执行其他程序，直到用户关机。

至此，有一个问题必须要回答就是程序是如何执行的。知道了程序的执行过程，也就基本上了解了计算机的工作原理。

程序是由一系列命令所组成的有序集合，计算机执行程序就是执行这一系列指令。

3）指令和程序的概念

指令就是让计算机完成某个操作所发出的指令或命令，即计算机完成某个操作的依据。一条指令通常由两部分组成，即操作码和操作数。操作码指明该指令要完成的操作，如加、减、乘、除等。操作数是指参加运算的数或者数所在的单元地址。一台计算机的所有指令的集合称为该计算机的指令系统。

使用者根据解决某一问题的步骤，选用一条条指令进行有序的排列，计算机执行了这一指令序列，便可完成预定的任务，这一指令序列就称为程序。显然程序中的每一条指令必须是所用计算机的指令系统中的指令，因此指令系统是提供给使用者编制程序的基本依据。指令系统反映了计算机的基本功能，不同的计算机其指令系统也不相同。

4）计算机执行指令的过程

计算机执行指令一般分为两个阶段。首先将要执行的指令从内存中取出送入 CPU，然后由 CPU 对指令进行分析译码，判断该指令要完成的操作，向各部件发出完成该操作的控制信号，完成该指令的功能。当一条指令执行完后就处理下一条指令。一般将第一阶段称为取指周期，第二阶段称为执行周期。

5）程序的执行过程

计算机在运行时 CPU 从内存读出一条指令到 CPU 内执行，这一指令执行完后，再从内存中读出下一条指令到 CPU 内执行。CPU 不断地取指令、执行指令，这就是程序的执行过程。

总之，计算机的工作就是执行程序，即自动连续地执行一系列指令，而程序开发人员的工作就是编制程序。一条指令的功能虽然有限，但是精心编制下的一系列指令组成的程序可完成的任务是无限多的。

1.2 表示信息与存储信息

1.2.1　字符在计算机中的表示

计算机中的信息都是用二进制编码表示的。用以表示字符的二进制编码称为字符编码。计算机中，对非数值的文字和其他符号进行处理时，要对文字和符号进行数字化处理，即用二进制编码来表示文字和符号。字符编码就是规定用怎样的二进制编码来表示文字和符号。字符编码是一个涉及世界范围内有关信息的表示、交换、处理、存储的基本问题，因此都是以国家标准或国际标准的形式颁布施行的，如位数不等的二进制码、BCD（Binary Coded Decimal Interchange Code）码、ASCII 码、汉字编码。

在输入过程中，系统自动将用户输入的各种数据按编码的类型转换成相应的二进制形式存入计算机存储单元中；在输出过程中，再由系统自动将二进制编码数据转换成用户可以识别的数据格式输出给用户。

1．ASCII 码

ASCII（American Standard Code for Information Interchange，美国信息标准交换代码）被国际标准化组织（ISO）指定为国际标准。ASCII 码有 7 位码和 8 位码两种版本。国际通用的 7 位 ASCII 码称为 ISO-646 标准，用 7 位二进制数 $b_6b_5b_4b_3b_2b_1b_0$ 表示一个字符的编码，其编码范围从 0000000B～1111111B，共有 2^7=128 个不同的编码值，相应地可以表示 128 个不同字符的编码。7 位 ASCII 码表如表 1-1 所示，表中对大小写英文字母、阿拉伯数字、标点符号及控制符等特殊符号规定了编码，共 128 个字符。表中每个字符都对应一个数值称为该字符的 ASCII 码值。例如，数字"0"的 ASCII 码值为 0110000B（或 48D 或 30H），字母"A"的 ASCII 码值为 1000001B（或 65D 或 41H），"a"的 ASCII 码值为 1100001B（或 97D 或 6IH）等。这 128 个编码中，有 34 个是控制符的编码（00H～20H 和 7FH）和 94 个字符编码（21H～7EH）。计算机内部用一个字节（8 个二进制位）存放一个 7 位 ASCII 码，最高位 b_7 置 0。

表 1-1　标准 ASCII 码字符集

$b_3b_2b_1b_0$ ＼ $b_6b_5b_4$	000	001	010	011	100	101	110	111
0000	NUL	DLE	SP	0	@	P	`	p
0001	SOH	DC1	!	1	A	Q	a	q
0010	STX	DC2	"	2	B	R	b	r
0011	ETX	DC3	#	3	C	S	c	s
0100	EOT	DC4	$	4	D	T	d	t
0101	ENQ	NAK	%	5	E	U	e	u
0110	ACK	SYN	&	6	F	V	f	v
0111	BEL	ETB	'	7	G	W	g	w
1000	BS	CAN	(	8	H	X	h	x
1001	HT	EM	)	9	I	Y	i	y
1010	LF	SUB	*	:	J	Z	j	z
1011	VT	ESC	+	;	K	[	k	{
1100	FF	FS	,	<	L	\	l	|
1101	CR	GS	−	=	M	]	m	}
1110	SO	RS	.	>	N	^	n	~
1111	SI	US	/	?	O	_	o	DEL

注：SP 代表空格字符。

扩展的 ASCII 码使用 8 个二进制位表示一个字符的编码，可表示 $2^8=256$ 个不同字符的编码。

2. 汉字编码

ASCII 码只给出了英文字母、数字和标点符号的编码。为了用计算机处理汉字，同样也需要对汉字进行编码。从汉字编码的角度看，计算机对汉字信息的处理过程实际上是各种汉字编码间的转换过程。这些编码主要包括汉字输入码、汉字内码、汉字字形码、汉字地址码及汉字信息交换码等。它们的名称可能不统一，但它们表示的含义和具有的职能是明确的。下面分别对这些编码进行介绍。

1）国标码（汉字信息交换码）

汉字信息交换码是用于汉字信息处理系统之间或者与通信系统进行信息交换的汉字代码，简称交换码，也称国标码。它是为使系统、设备之间交换信息时能采用统一的形式而制定的。我国 1981 年颁布了国家标准《信息交换用汉字编码字符集　基本集》，代号为 GB 2312—1980，即国标码。

国标码与 ASCII 码属同一制式，可以认为它是扩充的 ASCII 码。这 7 位 ASCII 码可以表示 128 个信息，其中字符代码有 94 个。

国标码以 94 个字符代码为基础，其中任何两个代码组成一个汉字交换码，即由两个字节表示一个汉字字符。第一个字节称为"区"，第二个字节称为"位"。这样该字符集共有 94 个区，每个区有 94 个位，最多可以组成 94×94 字=8 836 字。

在国标码表中，共收录了一、二级汉字和图形符号 7 445 个。其中图形符号 682 个，分布在 1～15 区；一级汉字（常用汉字）3 755 个，按汉语拼音字母顺序排列，分布在 16～55 区；二级汉字（不常用汉字）3 008 个，按偏旁部首排列，分布在 56～87 区；88 区以后为空白区，以待扩展。

国标码本身也是一种汉字输入码，由区号和位号共 4 位十进制数组成，通常称为区位码输入法。在区位码中，两位区号在高位，两位位号在低位。区位码可以唯一确定一个汉字或字符，反之任何一个汉字或字符都对应唯一的区位码。

区位码的最大特点是没有重码，虽然不是一种常用的输入方式，但对于其他输入方法难以找到的汉字，区位码很容易得到，但需要一张区位码表与之对应。

2）机内码

机内码是指在计算机中表示一个汉字的编码。正是由于机内码的存在，输入汉字时就允许用户根据自己的习惯使用不同的汉字输入码，如拼音法、五笔字型、自然码、区位码，进入系统后再统一转换成机内码存储。国标码也属于一种机器内部编码，其主要用途是将不同的系统使用的不同编码统一转换成国标码，使不同系统之间的汉字信息相互交换。

机内码一般都采用变形的国标码，国标码的另一种表示形式，即将每个字节的最高位置 1。这种形式避免了国标码与 ASCII 码的二义性，通过最高位来区别是 ASCII 码字符还是汉字字符。

3）汉字输入码（外码）

汉字输入码是为了将汉字通过键盘输入计算机而设计的代码。汉字输入编码方案很多，其表示形式大多用字母、数字或符号。输入码的长度也不同，多数为 4 个字节。

4）汉字字形码

汉字字形码是指汉字字库中存储的汉字字形的数字化信息。目前，汉字信息处理系统中产生汉字字形的方式大多是数字式的，即以点阵的方式形成汉字，因此汉字字形码主要是指汉字字形点阵的代码。

将汉字的字形分解为点阵，如同用一块窗纱蒙在一个汉字上一样，有笔画的网眼规定为 1，无笔画的网眼规定为 0，整块窗纱上的 0、1 数码就表示该汉字的字形点阵。

汉字的字形点阵有 16×16 点阵、24×24 点阵、32×32 点阵等。点阵分解越细，字形质量越好，但所需存储量也越大。一位二进制可以表示点阵中一个点的信息，如 16×16 点阵的字形码需要 32B（16×16÷8 B=32 B），而 24×24 点阵的字形码需要 72 B（24×24÷8 B =72 B）。

1.2.2　常用计数单位与换算

1. 计算机中用到的信息单位

计算机中用到的信息单位主要有位、字节、字等。

1）位

在计算机内部，无论是存储过程、处理过程、传输过程，还是用户数据、各种指令，使用的全都是由 0、1 组成的二进制数。把二进制数中的每一数位称为一个位（bit，简写为 b）。位是计算机存储数据的最小单位。

2）字节

一个字节（Byte，简写为 B）由 8 位二进制数组成：1 Byte =8 bit（1 B=8 b）。由 0、1 两个数组成的一个 8 位二进制数，从 00000000、00000001、00000010 一直到 11111111，共计有 2^8=256 种变化，也就是说一个字节最多可以有 256 个值。字节这个单位非常小，就像质量单位中的克（g）。为了描述大量数据，定义了 KB（千字节）、MB（兆字节）、GB（吉字节）、TB（太字节）、PB（拍字节）的概念。它们遵循如下规律，即后者是前者的 2^{10} 倍：

$1 \text{ KB} = 2^{10} \text{ B} = 1024 \text{ B}$

$1 \text{ MB} = 2^{10} \text{ KB} = 2^{20} \text{ B} = 1\,024 \times 1\,024 \text{ B}$

$1 \text{ GB} = 2^{10} \text{ MB} = 2^{30} \text{ B} = 1\,024 \times 1\,024 \times 1\,024 \text{ B}$

$1 \text{ TB} = 2^{10} \text{ GB} = 2^{40} \text{ B} = 1\,024 \times 1\,024 \times 1\,024 \times 1\,024 \text{ B}$

$1 \text{ PB} = 2^{10} \text{ TB} = 2^{50} \text{ B} = 1\,024 \times 1\,024 \times 1\,024 \times 1\,024 \times 1\,024 \text{ B}$

3）字

一个字（Word）通常由一个字节或若干个字节组成。字是计算机运算器进行一次基本运算所能处理的数据位数，字的长度就是字长，字长的单位是位。不同的计算机可能具有不同的字长，字长表示的长度通常是一个字节的整数倍，是计算机运行速度的指标。

对速度而言，字长越大，计算机在相同时间内传送和处理的信息就越多，速度就越快；对内存储器而言，字长越大，计算机可以有更大的寻址空间，因此可以有更大的内部存储器；对指令而言，字长越大，计算机系统支持的指令数量就越多，功能也就越强。微型计算机在发展过程中，经过了 8 位机、16 位机、32 位机、64 位机的历程。

2. 数的进制

1）常用的进制

（1）十进制数

十进制数有 0～9 共 10 个数码，其计数特点以及进位原则是"逢十进一"。十进制的基数是 10，位权为 10^K（K 为整数）。一个十进制数可以写成以 10 为基数按位权展开的形式。

【例 1-1】 把十进制数 123.45 按位权展开。

解 $(123.45)_{10} = 1 \times 10^2 + 2 \times 10^1 + 3 \times 10^0 + 4 \times 10^{-1} + 5 \times 10^{-2}$

（2）二进制数

二进制数只有 0 和 1 两个数码，它的计数特点及进位原则是"逢二进一"。二进制的基数为 2，位权为 2^K（K 为整数）。一个二进制数可以写成以 2 为基数按位权展开的形式。

【例 1-2】 把二进制数 1011 按位权展开。

解 $(1011)_2 = 1 \times 2^3 + 0 \times 2^2 + 1 \times 2^1 + 1 \times 2^0$

（3）八进制数

八进制数中有 0～7 共 8 个数码，其计数特点及进位原则是"逢八进一"。八进制的基数为 8，位权为 8^K（K 为整数）。一个八进制数可以写成以 8 为基数按位权展开的形式。

【例 1-3】 把八进制数 1234 按位权展开。

解 $(1234)_8 = 1 \times 8^3 + 2 \times 8^2 + 3 \times 8^1 + 4 \times 8^0$

（4）十六进制数

十六进制数有 0～9 及 A、B、C、D、E、F 共 16 个数码，其中 A～F 分别表示十进制数的 10～15。十六进制计数特点及进位原则是"逢十六进一"。十六进制的基数为 16，位权为 16^K（K 为整数）。

【例 1-4】 把十六进制数 A1234 按位权展开。

解 $(A1234)_{16}=A\times16^4+1\times16^3+2\times16^2+3\times16^1+4\times16^0$

2）进位规则

① 逢 R 进一。例如，二进制数逢二进一，十六进制数逢十六进一。

② 不同的进位计数制所用的数字个数是不同的。利用表 1-2 可以较方便地对不同数制的数进行转换。

表 1-2 几种计数制对应表

十进制	二进制	八进制	十六进制	十进制	二进制	八进制	十六进制
0	0000	0	0	8	1000	10	8
1	0001	1	1	9	1101	11	9
2	0010	2	2	10	1010	12	A
3	0011	3	3	11	1011	13	B
4	0100	4	4	12	1100	14	C
5	0101	5	5	13	1101	15	D
6	0110	6	6	14	1110	16	E
7	0111	7	7	15	1111	17	F

1.2.3 各种数制间的转换

八进制数可用括号加下标 8 来表示，如 $(56)_8$、$(234)_8$ 等，以示区别。

十六进制数可以用相同的方法来表示，如 $(4D2)_{16}$、$(A42F)_{16}$ 等。

由于十进制数的英文是"Decimal"，所以可在数字后加上英文"d"或"D"来表示，例如

$$(128)_{10}=128d=128D$$

二进制数的英文是"Binary"，可以在二进制数后加上"B"或"b"来表示，例如

$$(11000)_2=11000b=11000B$$

同样，十六进制数可以在数字后加上"H"或"h"来表示，八进制数可以在数字后加上"O"或"o"来表示，例如：

$$(3DF)_{16}=3DFH=3DFh，(312)_8=312O=312o$$

1. 二进制、八进制、十六进制与十进制之间的互换

1）二进制数转换成十进制数

二进制数转换成十进制数的方法是"按权展开相加"，即利用下式进行：

$$(a_na_{n-1}...a_1a_0a_{-1}a_{-2}...a_{-m})_2=\sum a_i\times2$$

例如：$(10110)_2=1\times2^4+0\times2^3+1\times2^2+1\times2^1+0\times2^0$

$$= 16 + 0 + 4 + 2 + 0$$
$$= (22)_{10}$$

又如：

$$(110.1011)_2 = 1×2^2 + 1×2^1 + 0×2^0 + 1×2^{-1} + 0×2^{-2} + 1×2^{-3} + 1×2^{-4}$$
$$= 4 + 2 + 0 + 0.5 + 0 + 0.125 + 0.0625$$
$$= (6.6875)_{10}$$

2）十进制数转换成二进制数

十进制数转换成二进制数的方法分为整数部分和小数部分进行，整数部分采用除 2 取余法转换，小数部分采用乘 2 取整法转换。

用除 2 取余法对整数部分转换的口诀是"除 2 取余，逆序排列"，即将十进制整数逐次除以 2，把余数记下来按先得到的余数排在后面，直到该十进制整数为 0 时止，就得到了相应的二进制整数。例如 29，可转换得$(29)_{10} = (11101)_2$。

3）八进制数转换成十进制数

按权相加法，即把八进制数每位上的权数与该位上的数码相乘，然后求和即得要转换的十进制数。

例如：$(2374)_8 = 2×8^3 + 3×8^2 + 7×8^1 + 4×8^0 = (1276)_{10}$

4）十进制数转换成八进制数

十进制数转换成八进制数的方法是：整数部分转换采用"除 8 取余法"，小数部分转换采用"乘 8 取整法"。

5）十六进制数转换成十进制数

按权相加法，即把十六进制数每位上的权数与该位上的数码相乘，然后求和即得要转换的十进制数。

例如：$(2A03)_{16} = 2×16^3 + 10×16^2 + 0×16^1 + 3×16^0 = (10755)_{10}$

6）十进制数转换成十六进制数

将十进制数转换成十六进制数的方法是：整数部分转换采用"除 16 取余法"，小数部分转换采用"乘 16 取整法"。

2. 非十进制数之间的相互转换

1）二进制数转换为八进制数

因为$2^3 = 8$，所以三位二进制数对应一位八进制数。

转换方法："三位合一位"，即将二进制数以小数点为中心分别向两边分组，整数部分向左，小数部分向右，每 3 位为一组，如果不够整组，就在两边补 0，然后将每组二进制数分别转换成八进制数。

【例1-5】 将二进制数 011010110001.111001 转换成八进制数。

解 $(011010110001.111001)_2 = (\underline{011}\ \underline{010}\ \underline{110}\ \underline{001}.\underline{111}\ \underline{001})_2$

$$\qquad\qquad\quad \downarrow\quad \downarrow\quad \downarrow\quad \downarrow\quad \downarrow\quad \downarrow$$
$$\qquad\qquad\quad 3\quad 2\quad 6\quad 1\quad 7\quad 1$$
$$= (3261.71)_8$$

因此，(11010110001.111001)$_2$ = (3261.71)$_8$

2）八进制数转换为二进制数

八进制数转换为二进制数的过程是二进制数转换成八进制数过程的逆过程，转换方法是将一位八进制数表示成三位二进制数。

例如，将八进制数(456.231)$_8$转换成二进制数。

$$
\begin{array}{ccccc}
4 & 5 & 6.2 & 3 & 1 \\
100 & 101 & 110.010 & 011 & 001
\end{array}
$$

即(456.231)$_8$ = (100101110.010011001)$_2$

3）二进制数转换为十六进制数

因为 2^4 =16，所以四位二进制数对应一位十六进制数。

转换方法是"四位合一位"，即将二进制数以小数点为中心分别向两边分组，整数部分向左，小数部分向右，每 4 位为一组，如果不够整组，就在两边补 0，然后将每组二进制数分别转换成十六进制数。

【例 1-6】　将二进制数 011010110001.111001 转换成十六进制数。

解　(11010110001.111001)$_2$ = (0010　1011　0001.1110　0100)$_2$

$$
\begin{array}{ccccc}
\downarrow & \downarrow & \downarrow & \downarrow & \downarrow \\
6 & B & 1. & E & 8
\end{array}
$$

= (6B1.E8)$_{16}$

因此，(11010110001.111001)$_2$ = (6B1.E8)$_{16}$

4）十六进制数转换为二进制数

十六进制数转换为二进制数的过程是二进制数转换为十六进制数过程的逆过程，转换方法是将一位十六进制数表示成四位二进制。

例如，将十六进制数(2AF4.2D)$_{16}$转换成相应的二进制数。

$$
\begin{array}{ccccc}
2 & A & F & 4.2 & D \\
0010 & 1010 & 1111 & 0100.0010 & 1101
\end{array}
$$

即(2AF4.2D)$_{16}$ = (10101011110100.00101101)$_2$

5）八进制数与十六进制数之间的转换

八进制数与十六进制数之间的转换方法是将八进制或十六进制先转换成二进制，再由二进制转换成相应的八进制或十六进制。

1.3　购买微型计算机

1.3.1　了解微型计算机的分类

1. 单片机

将微处理器一定容量的存储器以及 I/O 接口电路等集成在一个芯片上，就构成了单片机。

2. 单板机

将微处理器、存储器、I/O 接口电路安装在一块印制电路板上就构成了单板机。

3. PC（Personal Computer，个人计算机）

供单个用户使用的计算机一般称为 PC，是目前使用最多的一种微机。

4. 便携式微机

便携式微机大体包括笔记本计算机和个人数字助理（PDA）等。

1.3.2　微型计算机的性能指标

1. 字长

字长是指微型计算机机能直接处理的二进制信息的位数。字长越长，微机的运算速度就越快，运算精度就越高，内存容量就越大，微机的性能就越强（支持的指令多）。

2. 内存容量

内存容量是指微机内存储器的容量，它表示内存储器所能容纳信息的字节数。内存容量越大，它所能存储的数据和运行的程序就越多，程序运行的速度就越快，微机的信息处理能力就越强，所以内存容量是微机的一个重要性能指标。

3. 存取周期

存取周期是指对存储器进行一次完整的存取（即读／写）操作所需的时间，即存储器进行连续存取操作所允许的最短时间间隔。存取周期越短，则存取速度越快。存取周期的大小影响微机运算速度的快慢。

4. 主频

主频是指微机 CPU 的时钟频率，单位是 MHz（兆赫兹）。主频的大小在很大程度上决定了微机运算速度的快慢，主频越高，微机的运算速度就越快。

5. 运算速度

运算速度是指微机每秒钟能执行多少条指令，其单位为 MIPS（百万条指令每秒）。由于执行不同的指令所需的时间不同，因此运算速度有不同的计算方法。

1.3.3　认识微型计算机的常用硬件设备

一台完整的电子计算机系统由硬件系统和软件系统两大部分组成。

所谓硬件系统就是能看得见、摸得着的计算机器件的总称，如主机、电源、存储器、键盘、显示器、打印机等物理实体。各个器件按一定的方式组织起来就形成了一个完整的计算机硬件系统。

1. 中央处理器

微型计算机的中央处理器习惯上称为微处理器（Microprocessor），它是微型计算机的核心。计算机的一切工作都是受 CPU 控制的，其中运算器主要完成各种算术运算（如加、减、乘、除）和逻辑运算（如逻辑加、逻辑乘和逻辑非运算）；控制器负责读取各种指令，并对指令进行分析，做出相应的控制。

CPU 是体现微机性能的核心部件，人们常以它来判定微机的档次。

CPU 作为整个微机系统的核心，往往是各种档次微机的代名词。CPU 的主要技术指标和测试数据可以反映出 CPU 的性能。下面简单介绍一些 CPU 主要的性能指标。

1）主频

主频是 CPU 内核运行的时钟频率。主频的高低直接影响 CPU 的运算速度。一般来说，主频越高，CPU 的速度越快。

2）前端总线（FSB）频率

前端总线也就是所说的 CPU 总线。前端总线的频率（即外频）直接影响 CPU 与内存之间的数据交换速度。

3）CPU 内核工作电压

CPU 内核工作电压越低，则表示 CPU 制造工艺越先进，也表示 CPU 运行时耗电越少。

4）地址线宽度

地址线宽度决定了 CPU 可以访问的物理地址空间。对于 486 以上的微机系统，地址线的宽度为 32 位，最多可以直接访问 4 096 MB 的物理空间。

5）数据总线宽度

数据总线宽度决定了 CPU 与二级高速缓存、内存以及输入／输出设备之间的一次数据传输的宽度，386 和 486 为 32 位（bit），Pentium 以上 CPU 的数据总线宽度为 64 位。

2. 主板

主板也称"母版"或"主机板"，是主机的核心。打开机箱，可以看到在机箱底部有一个长方形的电路板，就是计算机的主板。

主板上布满了各种电子元件、插槽、接口等，主要部件如下：

1）CPU 插座及插槽

目前市场上的 CPU 接口形式只有 LGA 插座和 Socket 插座两种。

主板上有些部件发热量大，所以 CPU、显卡都安装有散热片或散热风扇。为了系统的稳定，主板上又添置了一片芯片，用于 CPU 及系统的温度监测，以免其过热而被烧毁。

2）芯片组

芯片组是主板的核心组成部分，它将大量复杂的电子元器件集成在一片或两片芯片上。如果是两片芯片，按照芯片在主板上的排列位置，通常分为北桥芯片和南桥芯片。靠近 CPU 的一块为北桥芯片，另一块为南桥芯片。北桥芯片提供对 CPU 的类型、主频、内存类型和最大容量、PCI/PCI-E 插槽和 ECC 纠错的支持。南桥芯片则提供对 KBC（键盘控制器）、RTE（实时时钟控制器）、USB（通用串行总线）、SATA 数据传输方式和 ACPI（高级能源管理）的支持。

自从 Intel 放弃了双芯片组的设计之后，当前主板多采用单芯片设计，原本属于主板职权范围内的功能被转移到了处理器上。最明显的一点就是内存控制器，这个模块一直是主板芯片组中北桥的工作，但是现在的处理器均已内置了内存控制器，导致主板芯片组的设计大幅简化。

芯片组是主板上（除 CPU 外）尺寸最大的芯片，一般采用表面封装（PQFP）形式安装在主板上，或采用引脚网状阵列（PGA）封装形式插入到主板上的插槽中，有的芯片上还覆盖着一块散热片。

3）内存插槽

内存插槽是指主板上用来安装内存条的插槽。主板所支持的内存种类和容量都由内存插槽来决定。内存插槽通常成对出现，最少有两个，最多为 8 个，通常根据主板的板型结构和价格来决定。

4）总线扩展槽

总线是构成计算机系统的桥梁，是各个部件之间进行数据传输的公共通道，在主板上占用面积最大的部件是总线扩展插槽，它们用于扩展 PC 的功能，也称 I/O 插槽。总线扩展槽是总线的延伸，在它上面可以插入任意的标准选件，如显卡、声卡、网卡。总线扩展槽可分为 PCI 扩展槽和 PCI-E 扩展槽。主板上还有一些插槽，如 BIOS 芯片、CMOS 芯片电池座、SATA 接口插座、键盘、鼠标插座、外围设备接口。

3．内存

内存（Memory）是计算机中重要的部件之一，它是外存与 CPU 进行沟通的桥梁。计算机中所有程序的运行都是在内存中进行的，因此内存的性能对计算机的影响非常大。

内存也被称为内存储器，其作用是用于暂时存放 CPU 中的运算数据，以及与硬盘等外部存储器交换的数据。只要计算机在运行中，CPU 就会把需要运算的数据调到内存中进行运算，当运算完成后 CPU 再将结果传送出来，内存的运行也决定了计算机的稳定运行。 内存是由内存芯片、电路板、金手指等部分组成的。

Cache 即高速缓冲存储器，它是位于 CPU 和普通内存之间规模较小但速度很快的一种起缓冲作用的存储器。Cache 由于采用与 CPU 相同的制作工艺，因此速度比普通内存快得多，但价格也较高。普通内存的读写速度远低于 CPU 的速度，这使得 CPU 在访问主存时不得不插入等待周期，从而影响了整机的效率。有了 Cache 之后就可以把 CPU 要用的数据调入 Cache 中。当 CPU 要读取一个数据时，它首先在 Cache 中寻找，如果找到了，就把这个数据读入 CPU 中；如果找不到所需的数据，则从主存中读出这个数据并送到 CPU，并且把整个数据块从主存调入 Cache 中。这样以后的若干访问都可以通过 Cache 来完成。如果调度算法做得好，Cache 的命中率就可以很高。

4．外存储器

外存储器用于存放当前不需要立即使用的信息，包括系统软件、用户程序及数据等。它既是输入设备，又是输出设备，是内存的后备和补充。

PC 机常见的外存储器一般有硬盘存储器、光盘存储器和 USB 闪存存储器等。

1）硬盘存储器

硬盘存储器（Hard Disk Device）简称硬盘，是由涂有磁性材料的合金圆盘组成，是微机系统的主要外存储器。硬盘按盘径大小可分为 3.5 in、2.5 in、1.8 in 等。目前大多数微机上使用的是 3.5 in 硬盘。

硬盘的一个重要性能指标是存取速度。影响存取速度的因素有平均寻道时间、数据传输速率、盘片的旋转速度和缓冲存储器容量等。一般来说，转速越高的硬盘，寻道的时间越短，而且数据传输速率也越高。一个硬盘一般由多个盘片组成，盘片的每一面都有一个读写磁头。硬盘在使用时，要将盘片格式化成若干个磁道（称为柱面），每个磁道再划分为若干个扇区。

硬盘的存储容量计算公式为：

存储容量=磁头数×扇区数×每扇区字节数（512 B）

目前 PC 常见硬盘的存储容量为 500 GB 或 1 000 GB。转速对硬盘的性能有着很大的影响，硬盘的转速一般有 5 400 rpm、7 200 rpm。硬盘使用时，应注意以下几点：

① 净化硬盘使用环境，温度保持在 10℃～40℃，湿度为 20%～80%，要防止干燥产生静电，还要确保灰尘少、无振动、电源稳定。

② 数据和文件要经常备份，防止硬盘一旦出现故障或感染病毒而必须对硬盘进行格式化时造成重大损失。

③ 避免频繁开关机器，防止电容充电放电时产生高电压击穿器件。

2）光盘存储器

光盘存储器的设备主要包括光盘和光盘驱动器（简称光驱）。

光盘（Compact Disk）是一种利用激光技术存储信息的装置，是多媒体数据的重要载体，它具有容量大、易保存、携带方便等特点。光盘通常是聚碳酸酯基片上覆盖以极薄的铝膜而成，薄膜层之外还有一层起保护作用的塑料层，基片的尺寸通常是直径 120 mm 或 80 mm，厚 1 mm。

目前用于计算机系统的光盘有 4 类：只读型光盘（CD-ROM）、一次写入型光盘（CD-R）、可擦写型光盘（CD-RW）、DVD、蓝光光碟。

只读光盘是一种小型光盘只读存储器。其特点是只能写一次，而且是在制造时由厂家用冲压设备把信息写入。写好后的信息将永久保存在光盘上，用户只能读取，不能修改和写入。只读光盘最大的特点是存储容量大，一张只读光盘的容量为 650 MB 左右。

一次写入型光盘是可写入光盘，用户可将自己的数据写入到一次写入型光盘中，但只能写入一次，一旦写入后，一次写入型光盘就变成只读光盘。而可擦写光盘可重复写入。

DVD 是数字视频光盘（Digital Video Disc）或数字通用光盘（Digital Versatile Disc）的缩写。DVD 的尺寸与只读光盘一样，分为两种：一种是常用的 12 cm 光盘，另一种是很少见的 8 cm 光盘。单面的 DVD 只有 0.6 mm 厚，比 CD 薄了一半，其容量却有 4.7 GB。单面 DVD 的介质还可以分为两层，这样 DVD 容量扩大到了 8.5 GB，再把两光盘黏合在一起，就变成了双面双层的 17 GB 的 DVD。

蓝光光碟（Blu-ray Disc，BD）是 DVD 之后的下一代光盘格式之一，用以存储高品质的影音以及高容量的数据存储。蓝光光碟的命名是由于其采用波长 405 nm 的蓝色激光光束来进行读写操作（DVD 采用 650 nm 波长的红光读写器，CD 则是采用 780 nm 波长）。一个单层的蓝光光碟的容量为 25 GB 或是 27 GB，足够录制一个长达 4 h 的高解析影片。

光盘具有存储量大、读取速度快、可靠性高、价格低、携带方便的特点。

3）USB 闪存存储器

USB 闪存存储器（Flash RAM）使用浮动栅晶体管作为基本存储单元实现非易失存储，不需要特殊设备和方式即可实现实时擦写。

闪存是一种新型的移动存储设备，它的优点主要有以下方面：

① 无须驱动器和额外电源，只需从 USB 接口总线取电，可热插拔，真正即插即用。

② 通用性高，读写速度快，容量大。

③ 抗震防潮，耐高低温，带有保护开关，防病毒，安全可靠。

④ 体积小，轻巧精致，时尚美观，易于携带。

5. 打印机

打印机是计算机最常用的输出设备。打印机的种类很多，按工作原理可分为针式打印机、喷墨打印机、激光打印机和热敏打印机，如图 1-4 所示。

| 针式打印机 | 喷墨打印机 | 激光打印机 | 热敏打印机 |

图 1-4　打印机

1）针式打印机

针式打印机打印的字符和图形是以点阵的形式构成的。它的打印头由若干根打印针和驱动电磁铁组成。打印是通过相应的针头接触色带击打纸面来完成的，通常用来打印需要复写的票据。针式打印机的主要特点是价格便宜、使用方便，但打印速度较慢、噪声大。

2）喷墨打印机

喷墨打印机是直接将墨水喷到纸上来实现打印的。喷墨打印机价格低廉、打印效果好，较受用户欢迎，但喷墨打印机使用的纸张要求高，墨盒消耗较快。

3）激光打印机

激光打印机是激光技术和电子照相技术的复合产物。激光打印机的技术来源于复印机，但复印机的光源是灯光，而激光打印机的光源是激光。由于激光光束能聚集成很细的光点，因此激光打印机能输出分辨率很高且色彩很好的图形。

激光打印机正以速度快、分辨率高、无噪声等优势进入计算机外设市场，但价格稍高。

4）热敏打印机

热敏打印机的工作原理是打印头上安装有半导体加热元件，打印头加热并接触热敏打印纸后就可以打印出需要的图案，其原理与热敏式传真机类似。图像是通过加热，在膜中产生化学反应而生成的。

1.4　计算机基本故障的检测及排除方法

1.4.1　计算机故障排除的基本原则

1. 先调查，后熟悉

无论是对自己的计算机还是别人的计算机进行维修时，首先要弄清故障发生时计算机的使用状况及以前的维修状况，还应清楚其计算机的软硬件配置及已使用年限等，做到有的放矢。

2. 先机外，后机内

对于出现主机或显示器不亮等故障的计算机，应先检查机箱及显示器的外围部件，特别是机外的一些开关、旋钮是否调整，外围的引线，插座有无断路、短路现象等。当确认外围部件正常时，再打开机箱或显示器进行检查。

3. 先机械，后电气

对于光驱及打印机等外设而言，先检查其有无机械故障再检查其有无电气故障是检修计算机的一般原则。例如 CD 光驱不读盘，应当先分清是机械原因（如激光头的问题）引起的，还是由电气毛病造成的。只有确定各部位转动机构及光头无故障后，才能进行电气方面的检查。

4. 先软件，后硬件

先排除软件故障再排除硬件问题是计算机维修中的重要原则。例如，Windows 系统软件的损坏或丢失可能造成死机故障的产生，因为系统启动是一步一个脚印的过程，任何环节都不能出现错误，如果存在损坏的执行文件或驱动程序，系统就会僵死在这里。硬件设备的设置问题如 BIOS，驱动程序的是否完善与系统的兼容性等也有可能引发计算机硬件死机故障的产生。所以在维修时应遵循先软件，后硬件的原则。

5. 先清洁，后检修

在检查机箱内部配件时，应先着重检查机内是否清洁，如果发现机内各元件、引线、走线及金手指之间有尘土、污物、蛛网或多余焊锡、焊油等，应先加以清除，再进行检修，这样既可减少自然故障，又可取得事半功倍的效果。实践表明，许多故障都是由于脏污引起的，一经清洁故障往往会自动消失。

6. 先电源，后机器

电源是机器及配件的心脏，如果电源不正常，就不能保证其他部分的正常工作，也就无从检查别的故障。根据经验，电源部分的故障率占的比例最高，许多故障往往就是由电源引起的，所以先检修电源常能收到事半功倍的效果。

7. 先通病，后特殊

根据计算机故障的共同特点，先排除带有普遍性和规律性的常见故障，然后再去检查特殊的故障，以便逐步缩小故障范围，由面到点，缩短修理时间。

8. 先外围，后内部

在检查计算机或配件的重要元器件时，不要急于更换或对其内部或重要配件动手，而应检查其外围电路，在确认外围电路正常时，再考虑更换配件或重要元器件。若一味更换配件或重要元器件，只能造成不必要的损失。从维修实践可知，配件或重要元器件外围电路或机械的故障远高于其内部电路。

1.4.2 常见的软件故障及排除方法

常见的软件故障有丢失文件、文件版本不匹配、内存冲突、内存耗尽等。

1. 丢失文件

要检测一个丢失的启动文件，可以在启动 PC 时观察屏幕，丢失的文件会显示一个"不能找到某个设备文件"的信息和该文件的文件名、位置，会被要求按键继续启动进程。丢失的文件可能被保存在一个单独的文件夹中，或是在被几个出品厂家相同的应用程序共享的文件夹中，例如，文件夹＼SYMANTEC 就被 Norton Utilities、Norton Antivirus 和其他一些 Symantec 出品的软件共享，而对某些文件夹来说，其中的文件被所有的程序共享。最好搜索原来的安装盘，重新安装被损坏的程序。

2. 文件版本不匹配

绝大多数用户都会不时地向系统中安装各种不同的软件，包括 Windows 的各种补丁，或者升级系统。这其中的每一步操作都需要向系统复制新文件或者更换现存的文件。这时就可能出现新软件不能与现存软件兼容的问题。因为在安装新软件和 Windows 升级时，复制到系统中的大多是 DLL 文件，而 DLL 不能与现存软件"合作"。在安装新软件之前，先备份 C：\WINDOWS\ SYSTEM 文件夹的内容，可以将 DLL 错误出现的几率降低，既然大多数 DLL 错误发生的原因在此，保证 DLL 运行安全是必要的。而绝大多数新软件在安装时也会观察现存的 DLL，如果需要置换新的，会给出提示，一般可以保留新版，标明文件名，以免出现问题。

3. 非法操作

非法操作会让很多用户觉得迷惑，其实是软件的原因，每当有非法操作信息出现时，相关的程序和文件都会和错误类型显示在一起。用户可以通过错误信息列出的程序和文件来研究错误起因，因为错误信息并不直接指出实际原因，如果给出的是"未知"信息，可能数据文件已经损坏，应该检查是否有备份或者厂家是否有文件修补工具。

4. 蓝屏错误信息

要确定出现蓝屏的原因需要仔细检查错误信息，很多蓝屏发生在安装了新软件以后，是新软件和现行的 Windows 设置发生冲突直接引起的。出现蓝屏的真正原因不容易搞清楚，最好的办法是把错误信息保留下来，然后用"blue screen"和文件名、"fatal ex-ception"代码到微软的站点搜索，以便确定原因。但是即使一个特定的软件被破坏，蓝屏也不能确定引起问题的文件，如果在蓝屏上显示了多条信息，那么首先应该搜索第一条。很多蓝屏可以用改变 Windows 设置来解决，大多数情况下需要下载安装一个更新的驱动程序，一些蓝屏与版本有关，应该确定所使用的 Windows 版本，查看设备管理程序可以确定这些信息。

5. 资源不足

计算机在运行期间经常会产生资源不足的提示。既然有了更多的内存，是不是可以运行更多程序？大多数用户对此限制有些模糊。一些 Windows 程序需要消耗各种不同的资源组合，GDI（图形界面）集中了大量的资源，这些资源用来保存菜单按钮、面板对象、调色板等；第二个积累较多的资源则是 USER（用户），用来保存菜单和窗口的信息；第三个是 SYSTEM（系统资源），是一些通用的资源。在程序打开和关闭之间都会消耗资源，一些在程序打开时被占用的资源在程序关闭时可以被恢复，但并不都是这样，一些程序在运行时可能导致 GDI 和 USER 资源丧失，这也就是为什么在机器运行一段时间后最好重新启动一次补充资源的原因。

防止软件故障的 5 个注意事项：

① 在安装一个新软件之前，考察一下它与所用系统的兼容性。

② 在安装一个新的程序之前需要保护已经存在的被共享使用的 DLL 文件，防止在安装新文件时被其他文件覆盖。

③ 在出现非法操作和蓝屏时仔细研究提示信息分析原因。

④ 随时监察系统资源的占用情况。

⑤ 使用卸载软件删除已安装的程序。

1.4.3　常见的硬件故障及排除方法

常见的硬件故障很多，可以分为以下几类：元件及芯片故障；连线与接插件故障；部件引起的故障；硬件兼容引起的故障；跳线及设置引起的故障；电源引起的故障；各种软故障。

不管是何种硬件故障一般均可按照如下方法进行排除：

1. 清洁法

很多计算机故障都是由于机器内灰尘较多引起的，在维修过程中，应该先进行除尘，再进行后续的故障判断与维修。

2. 直接观察法

直接观察法就是通过眼看、耳听、手摸、鼻闻等方式检查机器比较典型或比较明显的故障，如观察机器是否有火花、异常声音、插头及插座是否松动、电缆损坏或管脚断裂、接触不良、虚焊等现象。

3. 插拔法

插拔法是通过将插件板或芯片"拔出"或"插入"来寻找故障原因的方法，采用该方法能迅速找到发生故障的部位，从而查到故障的原因，这是一种非常实用而有效的常用方法。

4. 交换法

交换法是用好插件板、好器件替换有故障疑点的插件板或器件，或者把相同的插件或器件互相交换，观察故障变化的情况，依此来帮助判断故障原因的方法。

5. 程序诊断法

只要计算机还能够进行正常启动，采用一些专门为检查诊断机器而编制的程序来帮助查找故障的原因，这是考核机器性能的重要手段和常用的方法。

以上的前 3 种方法适应于所有计算机用户，第 4 种方法一般适应于用计算机较多的机房，而第 5 种方法则要求备用一些测试软件。在实际应用中，以上方法应结合实际灵活运用，综合运用多种方法，才能确定并修复故障。

1.5　实践操作

① 到电子市场或网络卖场进行计算机相关配置的实际考察。

② 进行键盘和鼠标的相关练习操作。

③ 将下列各十进制数分别转化为二进制、八进制和十六进制。

　　a．456.123；b．347。

④ 将下列二进制数分别转化为十进制、八进制和十六进制。

　　a．11001011；b．1100100.001。

⑤ 将下列十六进制分别转化为二进制、八进制和十进制。

　　a．A2E；b．4D.5。

单元 2

Windows 10 操作系统

【学习目标】

- 掌握 Windows 10 的基本概念和基本操作。
- 理解文件和文件夹的概念，掌握资源管理器的使用方法。
- 掌握 Windows 10 系统环境设置。
- 掌握安装、卸载应用程序的方法，能够熟练使用计算机、画图等常用的应用程序。

2.1 Windows 10 的基本操作

2.1.1 Windows 10 简介

1. Windows 10 的功能特色

Windows 10 是一款跨平台的操作系统，它不仅可以在台式机上运行，而且可以在笔记本计算机、手机和平板电脑上，它的功能特色主要体现在以下几个方面：

1）全新的"开始"菜单

Windows 10 采用全新的"开始"菜单，左半部分是最新打开的程序列表和其他内容，在菜单右侧增加了 Modern 风格的区域，将传统风格和现代风格有机地结合在一起，兼顾了老版本系统用户的使用习惯。图 2-1 所示即为 Windows 10 的"开始"菜单。

2）强大的搜索功能

在 Windows 10 "开始"按钮的右侧，集成了专业的搜索引擎，该搜索引擎具有本地和网络搜索功能，用户只需要输入部分关键字，引擎会非常智能地搜出本地计算机中对应的文档、应用程序以及图片，随着关键字的不断输入，搜索结果也会不断细化，如果用户不需要搜索本地计算机中的结果，不必打开浏览器，只要选择当前搜索内容下方的"word"，即可在网络中进行搜索，如图 2-2 所示。

图 2-1　Windows 10 的"开始"菜单

3）OneDrive 云存储

OneDrive 是由微软公司推出的一款个人文件存储工具，也称网盘，用户可以将文件保存在网盘中，方便在不同计算机或手机中访问。Windows 10 操作系统中集成了桌面版 OneDrive，能够方便地上传、复制、粘贴、删除文件或文件夹，尤其是拥有多台计算机或多个设备，同步文档、照片等常用文件将十分方便，如图 2-3 所示。

4）Ribbon 管理界面

Windows 10 采用了 Ribbon 界面，不仅能够支持剪切、复制、复制来源、移动、删除、重命名，还能激活 History。在 Windows 10 中，如果用户误删除了某些文件，单击"历史记录"按钮，即可轻松找回误删除的文件。在 Ribbon 文件管理界面中，剪切等功能被移到窗口上方，对于操作而言，进一步简化了单击鼠标右键的操作，如图 2-4 所示。

图 2-2　搜索功能

5）全新的多重桌面功能

多重桌面是一项全新的功能，有些用户喜欢一次开启多个程序或视图窗口，但是当所有开启的程序或视图窗口都"拥挤"在同一个桌面上时，可能会影响工作效率。在 Windows 10 中，用户可以按照工作或程序类型的划分自行添加多个桌面，如图 2-5 所示。

图 2-3　云存储

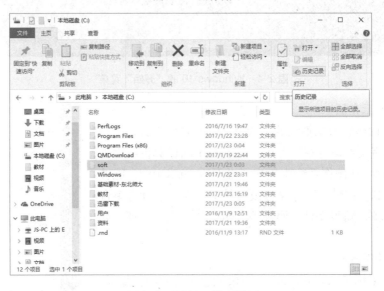

图 2-4　Ribbon 管理界面

除了以上新功能外，Windows 10 还有许多新功能和改进，如增加了通知中心，可以查看各应用推送的信息；增加了任务视图，可以创建多个传统桌面环境；另外还有平板模式、手机助手等。

6）个性化的桌面

在 Windows 10 中，用户能对桌面进行更多的操作和个性化设置。Windows 10 中的内置主题包不仅可以实现局部的变化，还可以设置整体风格的壁纸、面板色调，甚至可以根据喜好选择、定义系统声音。用户选定中意的壁纸、心仪的颜色、悦耳的声音、有趣的屏保后，可以将其保存为自己的修改主题包。用户还可以选择多张壁纸，让它们在桌面上像幻灯片一样连续播放，播放速度可自己设定，如图 2-6 所示。

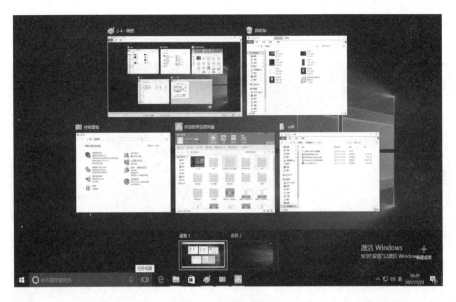

图 2-5　多重桌面

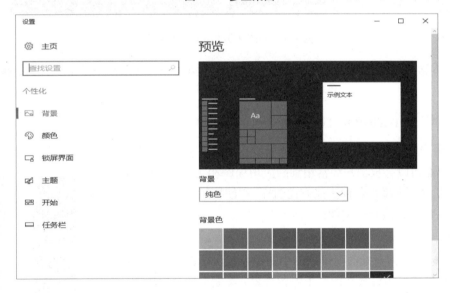

图 2-6　Windows 10 中的个性化设置

2. Windows 10 启动与退出

1）系统启动

① 打开主机的电源开关，Windows 10 开始启动，加载完成后，即可进入欢迎界面。

② Windows 10 启动后，在欢迎界面上单击或按键盘任意键，将出现用户登录界面，Windows 10 会将可用的用户以图标的方式显示在界面上。单击希望登录的用户名图标，并输入密码，再按 Enter 键即可登录。

2）系统退出

用户操作完毕 Windows 10 系统后，可以单击桌面左下方的"开始"按钮，在弹出的"开始"

菜单中单选择"电源"命令，在弹出的菜单中选择"关机"命令，即可退出 Windows 10 操作系统，如图 2-7 所示。

图 2-7　关闭 Windows 操作系统

在桌面环境中，按 Win+F4 组合键打开"关闭 Windows"对话框，单击"关机"按钮也可关闭计算机。

2.1.2　认识 Windows 10 桌面

桌面是用户登录到 Windows 10 系统后所看到的整个计算机屏幕界面，是用户和计算机进行交流的窗口。桌面可以存放用户经常用到的应用程序和文件夹图标，用户可以根据需要在桌面上添加各种快捷方式图标，在使用时双击该图标就能够快速启动相应的程序或打开文件。

1．认识桌面图标

"桌面图标"是指在桌面上排列的小图像，包含图形、说明文字两部分。如果用户把鼠标指针放在图标上停留片刻，桌面上便会出现图标的说明文字或者是文件存放的路径。双击图标就可以打开相应的内容。

1）桌面图标的组成

Windows 10 桌面上的图标包括系统图标和应用程序图标，如图 2-8 所示。

系统图标主要有"此电脑""网络""控制面板""回收站"和用户文件夹五大部分。双击这些图标可以打开系统文件夹，如双击桌面上的"控制面板"图标可以打开 Windows 10 的"控制面板"窗口。应用程序图标是安装软件时放置在桌面上的快捷方式，双击此图标可以快速启动应用程序或打开用户文件。

系统图标　　应用程序图标

图 2-8　桌面图标

2）创建桌面图标

桌面上的图标实质上就是打开各种程序和文件的快捷方式，用户可以在桌面上创建自己经常使用的程序或文件和图标，使用时直接双击快捷图标即可启动该项目。

右击应用程序图标，在弹出的快捷菜单中选择"发送到" ｜ "桌面快捷方式"命令，即可在桌面上创建应用程序的快捷方式，如图 2-9 所示。

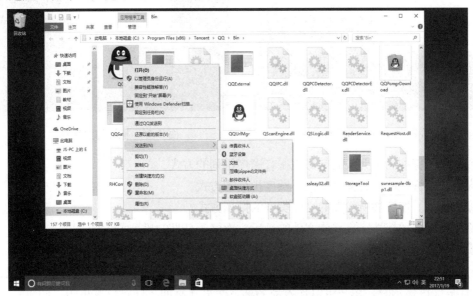

图 2-9　创建桌面快捷方式

3）查看图标

右击桌面的空白处，在弹出的快捷菜单中选择"查看"命令，在子菜单中包含了多种查看方式。当用户选择子菜单中的命令后，在其左侧出现"√"标志，说明该命令已被选中；再次选择这个命令后，"√"标志消失，即表明取消了此命令，如图 2-10 所示。

① 自动排列图标。如果用户选择了"自动排列图标"命令，在对图标进行移动时会出现一个选定标志。这时，只能在固定的位置将各图标进行位置的互换，而不能手动将图标拖到桌面上的任意位置。

② 将图标与网格对齐。当选择了"将图标与风格对齐"命令后，在调整图标的位置时，它们总是成行成列地排列，而不能移动到桌面上任意位置。

③ 显示桌面图标。当用户取消了"显示桌面图标"命令前的"√"标志后，桌面上将不显示任何图标。

4）排列图标

当用户在桌面上创建多个图标后，如果未进行排列，桌面会显得非常凌乱。这样既影响视觉效果，又不利于用户选择所需要的项目。执行排列图标的命令，可以使桌面显得整洁而有条理。

当要调整桌面图标的位置时，右击桌面的空白处，在弹出的快捷菜单中选择"排序方式"命令，出现的子菜单中包含多种排列方式，如图 2-11 所示。

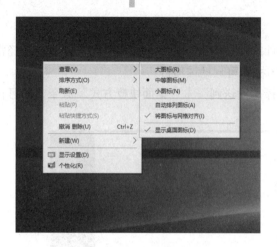

图 2-10　查看图标的命令　　　　　　　　　图 2-11　图标的排序方式

① 名称。图标按名称开头的字母或拼音顺序排列的方式。

② 大小。图标按所代表文件的大小顺序排列的方式。

③ 项目类型。图标按所代表的文件类型的排列方式。

④ 修改日期。图标按所代表的文件的最后一次修改日期的排列方式。

5）图标的重命名与删除

右击桌面上的图标，在弹出的快捷菜单中选择"重命名"命令，如图 2-12 所示。当图标的文字说明位置呈反色显示时，用户可以输入新名称，然后在桌面上任意位置单击，即可完成对图标的重命名。

需要删除桌面上的图标时，可以右击该图标，在弹出的快捷菜单中选择"删除"命令，系统会弹出图 2-13 所示的对话框，询问用户是否确实要删除所选内容并移入回收站。单击"是"按钮确认删除；单击"否"按钮取消操作。

图 2-12　快捷菜单　　　　　　　　　图 2-13　"删除快捷方式"对话框

2. "开始"菜单

单击屏幕左下角的"开始"按钮，可以打开 Windows 10 的"开始"菜单，如图 2-14 所示。

图 2-14　Windows 10 的"开始"菜单

　　左侧上方为用户账户头像，下方是"电源"按钮，以及用户最近使用过的程序，这一功能可以使用户快速启动经常使用的应用程序。选择"所有程序"命令可以展开所有程序列表，便于用户启动计算机中安装的程序。右侧为"开始"屏幕，系统默认下，"开始"屏幕主要包含生活动态及播放和浏览的主要应用。

3. 任务栏

　　任务栏默认设置位于桌面最下方。了解任务栏各个部分的作用并灵活运用任务栏，可以提高使用计算机的使用效率。

　　Windows 10 中的任务栏由"开始"菜单按钮、搜索栏、任务视图、快速启动区和通知区等几部分组成。任务栏显示了系统正在运行的程序和打开的窗口、当前时间等内容，用户通过任务栏可以完成许多操作，而且也可以对它进行一系列设置，如图 2-15 所示。

图 2-15　Windows 10 系统的任务栏

1）搜索栏

搜索栏是任务栏中的一个文本输入框，它可以直接从计算机或互联网中搜索用户想要的信息。

单击搜索栏，不需要输入任何文字就可以打开搜索主页，用户可以直接查看当下的热门内容，也可以输入文字搜索相关的内容。

2）任务视图

任务视图按钮是多任务和多桌面的入口。多任务是 Windows 10 的一个新功能，将最多 4 个开启的任务窗口排列在桌面上，用户可以同时关注这 4 个任务窗口。多桌面为"虚拟桌面"，可以将不同的任务分别安排在不同的桌面上，利用快捷键可以轻松地在桌面间来回切换。

3）快速启动区

快速启动区由一些小型的按钮组成，单击该按钮可以快速启动程序。一般情况下，它包括网上浏览工具 Egde 图标、文件资源管理器图标和应用商店 3 个图标。用户也可根据个人需要将常用的图标添加到快速启动工具栏中。

4）语言栏

在语言栏中用户可以选择各种语言输入法，单击"中"按钮可以在中文和英文之间切换，如果用户对输入法要求比较高，系统自带的语言无法满足用户需求，此时用户可以通过安装自定义输入法来提高输入效率，安装完成后输入法将会出现在通知区。

对于手机和其他移动终端来说，可以通过单击"触摸键盘"按钮打开触摸键盘。如果觉得触摸键盘对计算机来说没什么用处，也可以通过任务栏菜单将其隐藏。

5）通知区域

任务栏右侧的"小三角"按钮的作用是隐藏不活动的图标和显示隐藏的图标。在默认情况下，系统会自动将用户最近没有使用过的图标隐藏起来，以使任务栏的通知区域不至于很杂乱，它在隐藏图标时会出现一个小文本框提醒用户。

6）通知中心

按钮"通知中心"的作用可以打开操作中心，不但可以查看系统通知，还可以查看来自不同应用程序的通知。用户不想被通知打扰，可以用右击通知图标，在弹出的快捷菜单中选择"打开免打扰时间"命令来关闭通知提示。

7）音量控制按钮

单击音量控制按钮，弹出"音量控制"界面，用户可以通过单击上面的小滑块来调整扬声器的音量。

如果需要对声音属性进行更详细的设置，可以在任务栏中的声音图标上右击，在弹出的快捷菜单中选择"打开音量合成器"命令，在打开的面板中，用户可以对声音设备进行设置，如图 2-16所示。

8）日期指示器

在任务栏的最右侧显示当前的时间。将鼠标指针在上面停留片刻，会出现当前的日期。单击日期指示器将显示日期面板，如图 2-17 所示。单击下方的"更改日期和时间设置"按钮，弹出"时间和语言"对话框，选择"日期和时间"选项卡，用户可根据需要调整时间和日期。

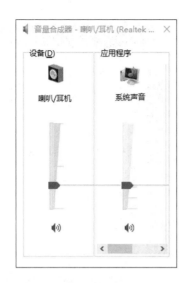

图 2-16　"音量合成器"面板

图 2-17　日期面板

2.1.3　Windows 10 窗口的操作

窗口操作是 Windows 系统的基本特征之一，是人机对话的重要手段。因此，用户非常有必要掌握操作窗口的一些基本方法。

1. 打开窗口

在 Windows 操作系统中，窗口是屏幕上与一个应用程序相对应的矩形区域，它是用户与弹出该窗口的应用程序之间的可视操作界面。每当用户开始运行一个应用程序时，应用程序就创建并显示一个窗口；当用户操作该窗口中的对象时，程序会做出反应；用户通过关闭一个窗口来终止一个程序的运行；通过选择应用程序窗口来选择相应的应用程序。典型的窗口如图 2-18 所示。

图 2-18　典型的窗口

Windows 10 支持多任务程序操作，用户不仅可以打开一个任务窗口，也可以同时打开多个任务窗口。可以通过以下两种方式打开一个窗口：

① 双击要打开的窗口图标，即可打开该窗口。

② 右击要打开的窗口图标，在弹出的快捷菜单中选择"打开"命令，即可打开窗口，如图 2-19 所示。

2. 最大化、最小化和还原窗口

在进行窗口操作时，有时需要将窗口变为最大化状态或最小化状态。使用鼠标实现窗口大小操作时，具体操作方法如表 2-1 所示。

用户也可以通过快捷键来完成以上操作：用 Alt+空格键组合键来打开控制菜单；然后根据菜单中的提示，在键盘上输入相应的字母（如"最小化"输入字母 N），这种方式可以快速完成相应的操作。

图 2-19　选择"打开"命令

表 2-1　窗口操作的方法

操　作	具　体　操　作
最大化窗口	单击需要最大化的目标窗口右上角的"最大化"按钮，或者双击标题栏都可将窗口切换至最大化
最小化窗口	单击窗口右上角的"最小化"按钮，窗口将被最小化到任务栏上
还原窗口	窗口最大化后，窗口右上角的"最大化"按钮变成"还原"按钮，单击"还原"按钮，即可将最大化窗口还原成原始大小

3. 移动窗口

在操作 Windows 10 的过程中，用户有时需要将窗口移动到屏幕上的某个位置。使用鼠标移动窗口的操作方法为：首先用鼠标单击窗口的标题栏，并按住鼠标左键不放，然后移动鼠标，窗口会随之移动，至合适的位置后释放鼠标即可。

4. 改变窗口大小

在操作 Windows 10 时，经常需要改变窗口的大小，如缩小全屏幕的窗口而不是将窗口最小化。这时，可以移动光标至窗口的边界处，当光标变成双箭头时，按住鼠标左键不放，此时移动鼠标可以改变窗口的大小，至合适大小时释放鼠标即可。如果需要同时改变窗口的横向和纵向大小，可以移动光标至窗口的右下角，当光标变为双箭头时拖动鼠标，可以同时改变窗口横向和纵向的大小。

5. 切换窗口

虽然用户打开了多个窗口，但当前工作的前台窗口却只有一个，有时用户需要在不同窗口之间任意切换，同时进行不同的操作。在"任务栏"处单击代表窗口的图标按钮，即可将后台窗口切换为前台窗口。

要快捷地切换窗口，可使用 Alt＋Tab 组合键。按该组合键后，屏幕上会出现任务栏，系统当前正在打开的程序都以图标的形式平等排列出来。按住 Alt 键不放的同时，按一下 Tab 键再松开，则当前选定程序的下一个程序被切换为前台程序。

6．关闭窗口

用户完成对窗口的操作后，在关闭窗口时有以下几种方式：

①在标题栏上单击"关闭"按钮。

② 双击窗口左上角的控制菜单按钮。

③ 单击控制菜单按钮，在弹出的控制菜单中选择"关闭"命令。

④ 使用 Alt＋F4 组合键。

如果用户打开的窗口是应用程序，可选择"文件"｜"退出"命令，同样也能关闭窗口。如果所要关闭的窗口处于最小化状态，可以右击任务栏中的程序图标，在弹出的快捷菜单中选择"关闭窗口"命令，如图 2-20 所示。

2.1.4　Windows 10 功能区基础

Windows 10 将功能区管理功能引入到系统操作中，在进行资源管理时使用 Ribbon 进行操作将非常方便，从而提高操作效率。

1．功能区管理界面

图 2-20　任务栏的快捷菜单

在 Windows 10 中打开任何一个窗口，按 Alt 键或 F10 键会显示字母或数字，根据提示再按相应字母或数字键会打开对应的菜单项，如图 2-21 所示。但是单击某一个菜单栏时，显示的不再是一系列子菜单，而是一种被称为功能区的管理界面，直接单击功能区中的按钮即可进行快捷操作。同时，在管理界面的左上方会显示自定义快速访问工具栏，用户可以将常用的工具添加到快速访问工具栏中，方便以后的操作，如图 2-22 所示。

图 2-21　窗口功能区

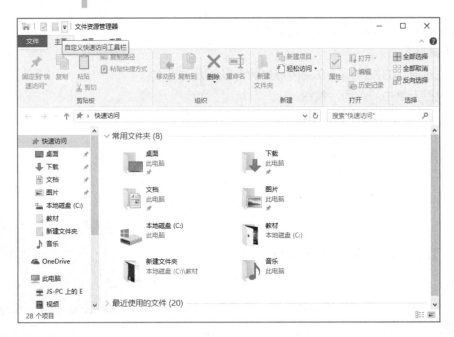

图 2-22　自定义快速访问工具栏

在功能区管理界面的右上角会显示"最小化功能区"按钮，由于功能区占据的屏幕空间较多，临时不需要功能区时，可以单击"最小化功能区"按钮来隐藏功能区。此时"最小化功能区"按钮将转变为"展开功能区"按钮，如图 2-23 所示。

图 2-23　最小化功能区

功能区一般只显示常用的功能按钮，需要其他操作命令时，可以单击相应的功能按钮，在弹出的快捷菜单中进行选择。一般情况下，功能区的某个按钮下方有黑色的三角符号，即表示单击此三角符号会弹出快捷菜单，如图 2-24 所示。

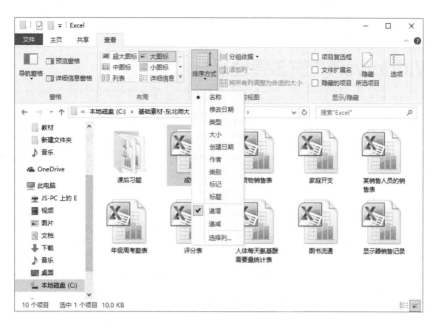

图 2-24　功能区快捷菜单

2. 使用快捷菜单

快捷菜单是用鼠标指针指向目标对象后右击时所弹出的菜单，它随着所指对象的不同而有所变化，菜单中通常包含与被单击目标有关的各种操作命令。在对目标进行操作时，又不知道从何处选择功能，这时最好使用右键快捷菜单。快捷菜单中有与被单击对象相关的命令，因此能够迅速地找到用户需要的命令，如图 2-25 所示。

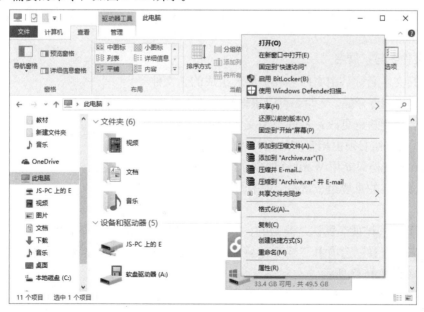

图 2-25　右键快捷菜单

2.2 Windows 10 资源管理器

在计算机中，所有的资料、数据都是以文件和文件夹的形式存在的。Windows 10 提供了强大的资源管理功能。本章从文件（夹）的基础操作入手，重点讲解文件和文件夹的打开、重命名、复制、移动、创建和删除等常规操作，然后介绍资源管理器及其高级应用，最终达到熟练掌握资源管理技能的目的。

2.2.1 文件和文件夹

1. 文件管理基础

文件和文件夹是计算机中比较重要的概念之一，几乎所有的任务都要涉及文件和文件夹的操作。本节主要介绍文件与文件夹的概念、文件与文件夹的类型，了解文件与文件夹的区别，并认识文件夹窗口的组成部分。

2. 认识文件和文件夹

计算机中的文档、图片、音（视）频等资料都是以文件的形式保存在硬盘中。文件是存储信息的基本单位。文件类型在计算机中有许多种，如图片文件、音乐文件、文本文档、视频文件、可执行程序等类型。在 Windows 10 中，通常用不同图标来表示不同的文件类型。因此，可以通过不同的图标来区分文件类型。

计算机中所说的"文件夹"跟生活中的文件夹相似，可以用于存放文件或文件夹。在文件夹中还可以再储存文件夹，文件夹中的文件夹被称为"子文件夹"。文件夹在计算机中的图标形式如图 2-26 所示。

3. 认识文件名与扩展名

计算机中的文件名称是由文件名和扩展名组成的，文件名和扩展名之间用圆点分隔。文件名可以根据需要进行更改，而文件的扩展名不能随意更改，不同类型文件的扩展名也不相同，不同类型的文件必须由相对应的软件才能创建或打开，如扩展名为.doc 的文档只能用 Word 软件创建或打开。

扩展名是文件名的重要组成部分，是标识文件类型的重要方式。

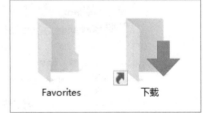

图 2-26　常见的文件夹图标

Windows 10 中的扩展名默认是隐藏的，在 Ribbon 功能区管理模式下，查看文件的扩展名非常方便，只需要在"查看"选项中"显示/隐藏"功能区域，选中"文件扩展名"复选框，即可查看文件的扩展名，如图 2-27 所示。

4. 常见的文件类型

常见的文件类型如表 2-2 所示。

图 2-27　查看文件扩展名

表 2-2　常见的文件类型

类　　型	含　　义
.txt	文本文件，所有具有文本编辑功能的程序均可打开
.docx	Word 文档，文字处理文档
.xlsx	Excel 文档，电子表格文档
.pptx	PowerPoint 文档，演示文稿文档
.ico	图标文件
.gif/.bmp	图形文件，支持图形显示和编辑程序
.dll	动态链接库，系统文件
.exe	可执行文件，系统文件或应用程序
.avi	媒体文件，多媒体应用程序
.rar	压缩文件，WinRAR 等压缩程序
.wav	声音文件

2.2.2　资源管理器

资源管理器是 Windows 系统提供的资源管理工具，用户可以用它查看本台计算机的所有资源，特别是通过它提供的树形文件系统结构，能更清楚、更直观地认识计算机的文件和文件夹。在资源管理器中还可以很方便地对文件进行各种操作，如打开、复制、移动等。

1.　启动资源管理器

在 Windows 10 中启动资源管理器有 4 种常用方法：

① 双击桌面上的"此电脑"图标，打开"此电脑"窗口，左侧窗格中的"查看"列表实际上就是资源管理器。

② Windows 10 桌面的左下角类似于文件夹的图标，就是资源管理器的快捷方式，单击此图标

即可打开资源管理器窗口，如图 2-28 所示。也可以右击图标，在弹出的快捷菜单中选择"资源管理器"命令，如图 2-29 所示。

图 2-28　通过任务栏启动资源管理器

图 2-29　通过快捷菜单启动资源管理器

③ 在桌面上右击左下角的"开始"按钮，在弹出的快捷菜单中选择"文件资源管理器"命令，如图 2-30 所示。

④ 启动资源管理器最快捷的方法是直接按 Win+E 组合键。

资源管理器启动后的窗口如图 2-31 所示，在左侧窗格中会以树形结构显示计算机中的资源（包括网络），单击某一个文件夹会显示更详细的信息，同时文件夹中的内容会显示在右侧的主窗格中。

在资源管理器窗口中使用鼠标拖动的方法实现文件的移动或复制是非常方便的。首先在左侧窗格中展开文件所在的目录，在右侧主窗格中选择需要移动的文件（复制时则按住 Ctrl 键），然后拖动文件至左侧窗格文件夹上方，文件夹会自动展开，找到目标文件夹后释放鼠标即可完成文件的移动（复制）操作。

2. 搜索框

计算机中的资源种类繁多、数目庞大，而资源管理器窗口的右上角内置了搜索框。此搜索框具有动态搜索功能。如果用户找不到文件的准确位置，便可以

图 2-30　通过"开始"按钮打开资源管理器

利用搜索框进行搜索。当输入关键字的一部分时，搜索就已经开始了，随着输入关键字的增多，搜索的结果会被反复筛选，直到搜索出所需要的内容，如图 2-32 所示。

图 2-31　资源管理器窗口

图 2-32　搜索框

无论是什么窗口，如资源管理器、控制面板，甚至 Windows 10 自带的很多程序中都有搜索框存在。在搜索框中输入想要搜索的关键字，系统就会将需要的内容显示出来。

3. 地址栏按钮

地址栏是 Windows 的资源管理器窗口中的一个保留项目。通过地址栏，不仅可以知道当前打开的文件夹名称，而且可以在地址栏中输入本地硬盘的地址或者网络地址，直接打开相应内容。

在 Windows 10 中，地址栏上增加了"按钮"的概念。例如，在资源管理器中打开 E:\360Downloads"文件夹后，3 个路径都变成 3 个不同的按钮，单击相应的按钮可以在不同的文件夹中切换。

不仅如此，单击每个按钮右侧的三角标记，还可以打开一个下拉菜单，其中列出了与当前按钮对应的文件夹内保存的所有子文件夹。例如，单击"360Downloads"按钮右侧的三角标记"▸"，弹出的下拉菜单会显示其中的文件，如图2-33所示。

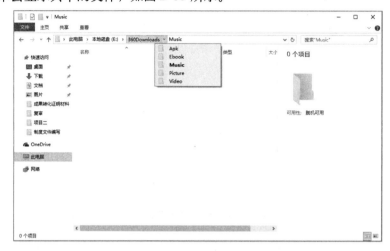

图 2-33　下拉菜单

4. 动态图标

在 Windows 10 中，通过资源管理器查看文件时除了可以选择"缩略图""平铺"等不同的视图，还可以让图标在不同大小的缩略图之间平滑缩放，这样就可以根据不同的文件内容选择不同大小的缩略图。

"查看"选项中的"布局"功能区中提供了多种查看方式，如超大图标、大图标、中图标、小图标、列表、详细信息、平铺和内容等，同时窗口的右下方也提供常见的缩略图和详细信息查看按钮，如图2-34所示。

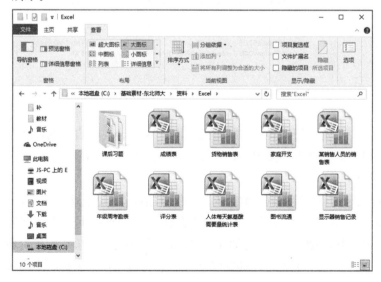

图 2-34　"布局"功能区

5. 预览窗格

资源管理器提供导航窗格、预览窗格和详细信息窗格 3 种查看方式。导航窗格便于查看文件的结构和定位文件的位置。对于某些类型的文件，除了可以用视图模式来查看外，还可以对文件进行预览。默认情况下，预览功能没有开启，在"窗格"功能区中单击"预览窗格"按钮，可开启文件的预览功能，选择某一个文件时即可在资源管理器的右侧显示文件的预览效果，如图 2-35 所示。

图 2-35　预览功能

在"窗格"功能区中单击"详细信息窗格"按钮，选中某一文件时，文件的详细信息效果会显示在资源管理器的右侧，如图 2-36 所示。

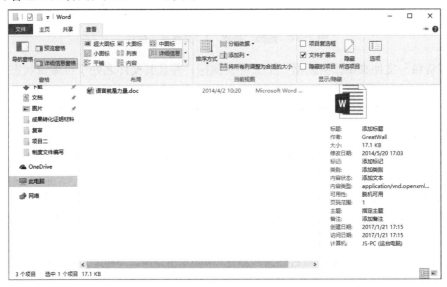

图 2-36　文件的详细信息显示

2.2.3 文件和文件夹的基本操作

文件和文件夹的基本操作主要包括复制、移动、删除和重命名文件及文件夹，本节介绍在中文 Windows 10 中常见的文件和文件夹的操作。

1. 创建文件（夹）

1）创建文件夹

为了便于分门别类地保存文件，可以在硬盘的某个位置创建文件夹。

① 在需要创建文件夹的位置（如"资料"）右击空白处，在弹出的快捷菜单中选择"新建"|"文件夹"命令，如图 2-37 所示。

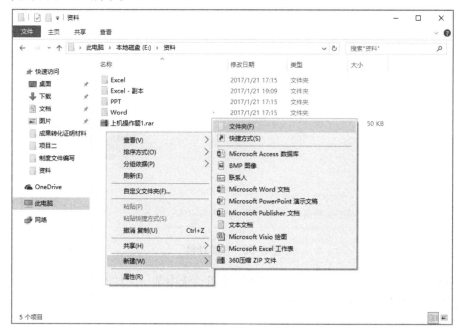

图 2-37 选择"新建"|"文件夹"命令

② 在"资料"文件夹中，会新增一个文件夹图标，并且其文件名处于可编辑状态，可以输入文件夹名称。

③ 文件夹名称编辑好后，按 Enter 键或单击空白处，文件夹名称即可确定。

2）创建文件

创建文件一般是通过软件进行，如通过 Microsoft Office 软件创建 Word 文档。另外，也可以在 Windows 10 系统中直接创建。步骤如下：

① 与创建文件夹的方法类似，在需要创建文件的位置右击空白处，在弹出的快捷菜单中选择"新建"子菜单，在展开的子菜单中选择要创建的文件类型，如"Microsoft Office Word 文档"，如图 2-38 所示。

② 此时会在文件夹中创建默认名称为"新建 Microsoft Office Word 文档"的文件，如图 2-39 所示。输入文件的名称后按 Enter 键即可。

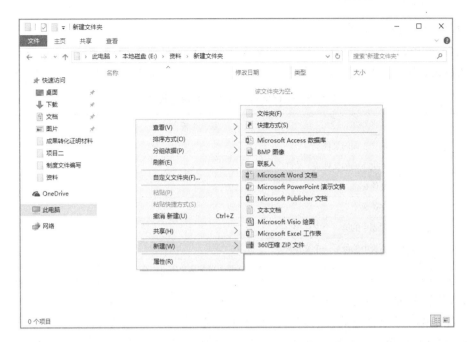

图 2-38　在展开的子菜单中选择要创建的文件类型

图 2-39　新建 Microsoft Office Word 文档

2. 选择文件或文件夹

对文件和文件夹进行复制、移动或删除等操作，必须先选择文件或文件夹。文件和文件夹的选择主要分 3 种情况：选择单个文件和文件夹；选择多个连续的文件或文件夹；选择多个非连续的文件或文件夹。

1）选择单个文件或文件夹

选择文件夹既可用鼠标也可用键盘。如果用鼠标选择文件夹，单击需要进行操作的文件夹即可；如果用键盘，则只需输入相对应的键。表 2-3 列出了用键盘选择文件夹所用的按键。

表 2-3　选择文件或文件夹的键盘操作

键	功　能
↑	选择所选文件夹上面的文件夹
↓	选择所选文件夹下面的文件夹
←	关闭选择的文件夹
→	打开选择的文件夹
Home	选择文件夹列表中的第一个文件夹
End	选择文件夹列表中的最后一个文件夹
字母	选择名字以该字母开始的第一个文件夹。若有必要，再按这个字母，直到选择了想要的文件夹为止

2）选择多个连续的文件或文件夹

连续文件是指多个文件之间没有其他任何文件。通过鼠标可以很方便地选择多个连续文件。

① 单击要选择的第一个文件或文件夹。单击文件时，该文件被加亮显示，如图 2-40 所示。

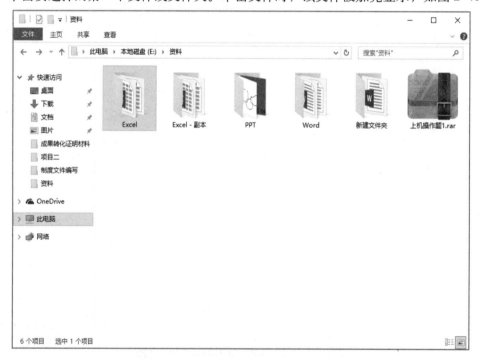

图 2-40　单击要选择的第一个文件或文件夹

② 按住 Shift 键不放，再单击想要选择的最后一个文件或文件夹。第一个选择与最后一个选择之间的所有项目都被加亮显示，即为选中的对象，如图 2-41 所示。

若要取消选择连续文件或文件夹，在该组之外的某个文件或文件夹或空白处单击即可。

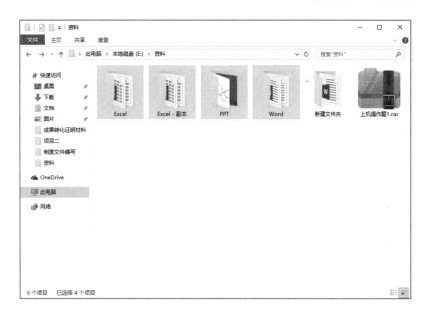

图 2-41　选择多个连续的文件或文件夹

3）选择多个非连续的文件或文件夹

如果需要选择不相邻的多个文件或文件夹，可以先选择第一个文件或文件夹，然后按住 Ctrl 键不放，依次单击想要选择的文件或文件夹，如图 2-42 所示。单击的每一项都加亮显示，并保持加亮显示直到松开 Ctrl 键。取消选择操作时，可以松开 Ctrl 键，再单击空白处即可。

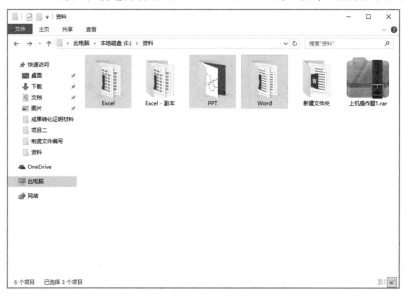

图 2-42　选择多个非连续的文件或文件夹

3. 复制文件（夹）

对计算机中的资源进行管理时，经常需要将文件或文件夹从一个位置复制到另一个位置，有以下两种操作方式：

1）使用命令复制文件或文件夹

选中需要复制的文件或文件夹，在"主页"选项中，单击"组织"功能区中的"复制到"按钮，在弹出的下拉列表中选择目标文件夹，如图 2-43 所示。

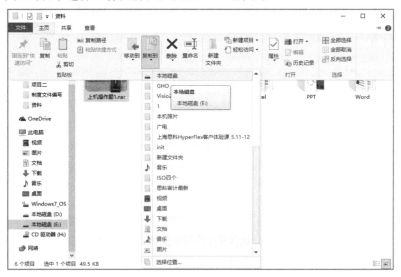

图 2-43　"复制到"下拉列表

如果"复制到"下拉列表中没有需要的目标文件夹，可以通过"选择位置"打开"复制项目"对话框（见图 2-44）。选择目标位置后，单击"复制"按钮，即可完成项目的复制。

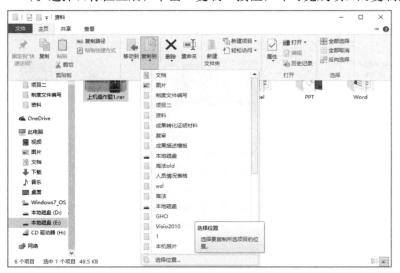

图 2-44　选择"选择位置"命令

2）拖动复制文件或文件夹

除了使用传统的复制加粘贴的操作方法进行文件或文件夹的复制外，在 Windows 10 中还可以使用拖动法进行文件或文件夹的复制。选中文件后，按住 Ctrl 键不放，拖动文件到文件夹上方。如果文件较小，则很快会完成复制；如果文件较大，则显示"正在复制"对话框，如图 2-45 所示。

4．移动文件（夹）

移动文件或文件夹和复制文件或文件夹的区别是：文件或文件夹移动后，原文件不在原来的位置；而复制文件或文件夹则是原文件存在，在新的位置又产生一个文件副本。移动文件或文件夹同样有两种方式：

1）使用命令移动文件或文件夹

选中需要移动的文件或文件夹后，单击"主页"功能区中的"移动到"按钮，在弹出的下拉列表中选择目标文件夹，即可将项目移动到目标文件夹，如图 2-46 所示。

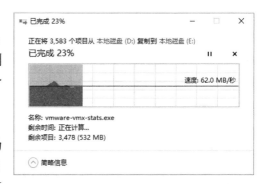

图 2-45　"正在复制"对话框

图 2-46　移动文件（夹）

如果目标文件夹不在"移动到"按钮的下拉列表中，可以选择"选择位置"命令，选择目标位置后，即可完成项目的移动，如图 2-47 所示。

2）拖动式移动文件或文件夹

与复制文件的操作类似，移动文件时也可以使用鼠标拖动的方法，直接拖动文件至目标文件夹即可，不需要按 Ctrl 键。

从技术上讲，文件的复制和移动是通过剪贴板进行的，剪贴板是 Windows 系统中经常使用的小程序，当执行复制（按 Ctrl＋C 组合键）操作时，被选中的内容会复制到剪贴板中；当执行剪切（按 Ctrl＋X 组合键）操作时，被选中的内容会移动到剪贴板中；当执行粘贴（按 Ctrl＋V 组合键）操作时，被选中的内容会从剪贴板中粘贴到新文件；剪贴板内容不会自动消失，直至被新的内容所覆盖。

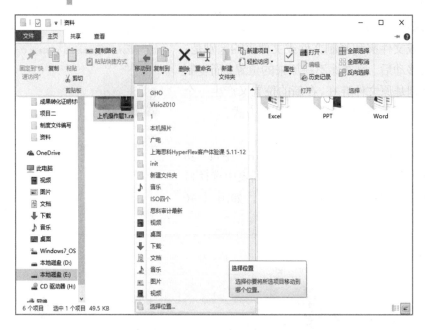

图 2-47　选择"选择位置"命令

5. 删除文件（夹）及撤销删除文件（夹）

删除文件或文件夹是指将计算机中不需要的文件或文件夹删除，以节省磁盘空间。

1）删除文件或文件夹

要将一些文件或文件夹删除，需要用资源管理器找到要删除文件所在的文件夹。选中需要删除的文件，单击"主页"功能区中的"删除"按钮（见图 2-48），或按【Delete】键，可以将文件移动到回收站中。

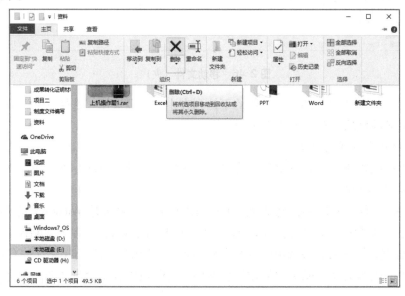

图 2-48　先选择文件再删除

删除文件时会弹出图 2-49 所示的对话框，单击"是"按钮执行删除操作；单击"否"按钮取消删除操作。

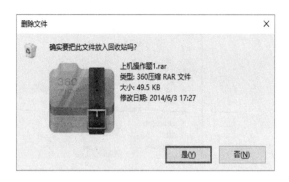

图 2-49　"删除文件"对话框

2）撤销删除文件或文件夹

文件或文件夹的删除并不是真正意义上的删除操作，而是将删除的文件暂时保存在"回收站"中，以便对误删除的操作进行还原。

在桌面上双击"回收站"图标，打开"回收站"对话框，可以发现被删除的文件，如果需要撤销删除的文件，可以在选择文件后，单击"管理"功能区中的"还原选定的项目"按钮即可将文件还原到删除前的位置，如图 2-50 所示。

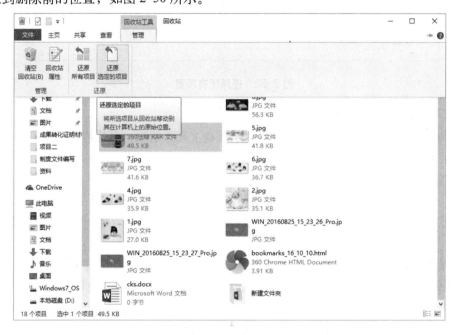

图 2-50　撤销删除文件

6. 回收站的管理

Windows 10 中的"回收站"为用户提供了一个安全的删除文件或文件夹的解决方案，用户从硬盘中删除文件或文件夹时，会自动放入"回收站"中，直到用户将其清空或还原到原位置。

7. 从回收站恢复文件

桌面上的"回收站"图标一般分为未清空和已清空两种状态，如图 2-51 所示。当有文件或文件夹删除到回收站中时，回收站为未清空状态。

图 2-51　回收站图标

打开"回收站"窗口后，如果需要恢复全部文件，直接单击"管理"功能区中的"还原所有项目"按钮即可，如图 2-52 所示。

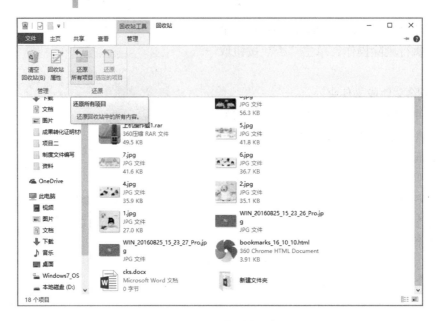

图 2-52　还原所有项目

8. 回收站及其文件的清空

在 Windows 10 系统中删除的文件，并没有从磁盘上真正清除，而是暂时保存在回收站中。若长时间不用应对这些文件进行清理，将磁盘空间节省出来。

1）清空回收站

如果想一次性将整个回收站清空，可以执行清空回收站操作。在桌面上打开"回收站"窗口，直接在工具栏上单击"清空回收站"按钮，回收站中的内容就会被清空，所有的文件也就真正从磁盘上删除。

如果只是想将回收站内容清空，而不考虑检查是否有些文件还要暂时保留，则不必打开"回收站"。在桌面上右击"回收站"图标，在弹出的快捷菜单中选择"清空回收站"命令即可，如图 2-53 所示。

弹出确认删除操作的对话框，单击"是"按钮，确认删除，如图 2-54 所示。

图 2-53　选择"清空回收站"命令　　　　　　　图 2-54　删除确认对话框

2）只清除指定文件

如果需要清除回收站中的部分内容，可以选中文件后，单击"主页"功能区中的"删除"按钮即可，如图 2-55 所示。

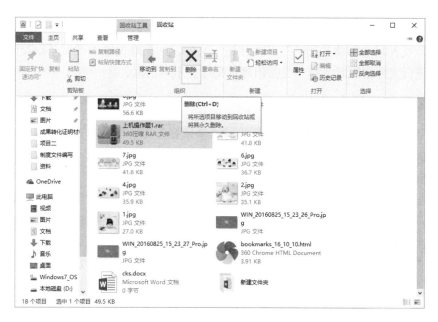

图 2-55　删除指定的文件

9. 设置回收站

"回收站"是各个磁盘分区中保存删除文件的汇总，用户可以配置回收站所占用的磁盘空间的大小及特性。

① 在桌面上右击"回收站"图标，在弹出的快捷菜单中选择"属性"命令（见图 2-56），弹出"回收站 属性"对话框。

② 在"回收站 属性"对话框中，可以设置各个磁盘中分配给回收站的空间及回收站的特性，用户可以选中一个磁盘分区，在"最大值"文本框内设置用于回收站的空间大小，如图 2-57 所示。

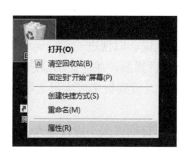

图 2-56　选择"属性"命令

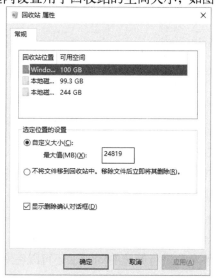

图 2-57　指定回收站的位置和大小

如果用户想在删除文件时，直接将文件删除，而不移至回收站中，可以选中"不将文件移到回收站中。移除文件后立即将其删除"单选按钮。另外，如果取消选中"显示删除确认对话框"复选框，则在进行文件删除时，就不会弹出确认删除提示对话框。

2.2.4 资源管理器的高级应用

Windows 10 的资源管理器用途非常广泛，除了要掌握资源管理器的基础应用外，还应了解资源管理器的高级应用。

1. 快速访问

快速访问是 Windows 10 的"资源管理"器窗口中特殊的文件夹，它用来记录用户最近的访问记录，只要用户打开过某一个文件夹，Windows 10 会自动将文件夹的链接保存在下方的"常用"列表中，下一次用户可以在"快速访问"列表中找到相应的记录。右击某个文件夹，在弹出的快捷菜单中选择"固定到'快速访问'"命令，即可将某个文件夹的位置固定在资源管理器左侧窗格的"快速访问"列表中，如图 2-58 所示。

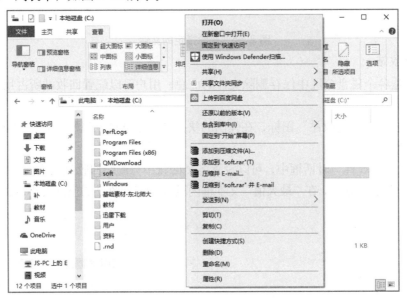

图 2-58　固定到"快速访问"列表

2. 对文件进行筛选

如果文件夹中的文件较多，可以按条件筛选文件的大致范围，以便进一步精确地查找。

① 先设置文件以小图标或详细信息显示。只有进行此项设置后，才能显示筛选按钮。

② 单击文件名右侧的三角按钮，在弹出的下拉列表中可以看到数字或字母选项，如图 2-59 所示。选中合适的选项即可对文件进行筛选。

在以文件名称进行筛选的同时，还可以在右侧的栏目中以日期或大小进行筛选。

3. 方便快捷的搜索框

Windows 10 提供了"即时搜索"的功能，在"搜索框"中输入关键词或短语即可搜索需要的文件或文件夹。一旦输入即开始搜索项目。例如，在搜索框中输入字母"s"，在文件与文件夹的列表中立刻就会出现以字母"s"开头的文件和文件夹。

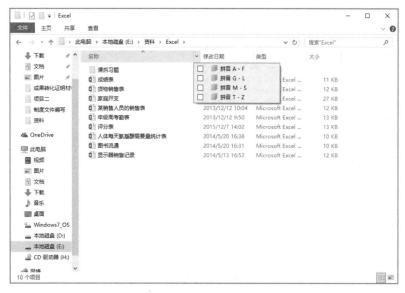

图 2-59 筛选文件

这种操作虽然方便，但前提是必须知道文件所在的位置。例如，在"图片"文件夹中搜索名称为"花卉"的文件，首先打开"花卉"所在的文件夹"图片"，然后在右上方的搜索框中输入"花卉"，不需要按 Enter 键，随着关键字的输入，搜索结果逐渐精准。

通过 Windows 10 的搜索框，不仅可以搜索图片，还可以搜索文档、视频、音乐等其他计算机文件。只要搜索关键词结合文件名及通配符和文件的后缀，就可以快速找到需要的文件。

通配符主要有"?"和"*"两种，"?"代表一个字符，"*"代表一串字符。例如，搜索扩展名为 JPG 的所有文件，可以使用"*．JPG"进行搜索；而搜索文件名为两个字符、扩展名为.JPG 的所有文件，则可以使用"??．JPG"进行搜索。

4. 更改搜索位置

如果在一个位置不能发现要找的文件，或者希望在其他位置找到更多的搜索结果，可以对搜索项目的位置进行更改。

如果在文件夹中找不到需要的文件，资源管理器会提供更多的选项，指导用户更改搜索位置，可以在"搜索"选项卡"位置"组中设置搜索的位置。也可以在互联网中进行搜索。

如果实在记不清文件的大致位置，可以选择"此电脑"选项，对所有的硬盘分区进行搜索，但这种方式会耗费较长的时间。

Windows 10 使用"索引"来确保用户能够快速搜索到计算机中的文件或文件夹。使用索引可以快速找到特定的文件或文件夹。默认情况下，大多数常见的文件类型都会被索引，索引的位置包括库中的所有文件夹、电子邮件、脱机文件。程序文件和系统文件默认不被索引，因为这种文件是多数用户不需要搜索的。如果要让某些文件夹也包含到索引中，可以通过设置索引选项来完成，设置索引选项的具体操作步骤如下：

① 在资源管理器的"搜索"选项卡的"选项"组中，单击"高级选项"按钮，在弹出的下拉列表中选择"更改索引位置"命令，如图 2-60 所示。

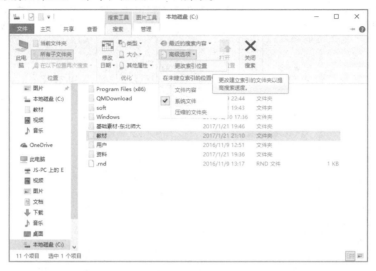

图 2-60 选择"更改索引位置"命令

② 弹出"索引选项"对话框，可以看到在"为这些位置建立索引"列表框中列出了已经建立索引的位置，如图 2-61 所示。

图 2-61 "索引选项"对话框

③ 单击"修改"按钮，弹出"索引位置"对话框，添加要索引的位置。此处选中磁盘 E 作为索引位置，左侧的复选框将被选中。

④ 单击"确定"按钮，将所选的位置添加到索引列表框中（见图 2-62），此时在"索引选项"对话框中可以看到磁盘 E：出现在"为这些位置建立索引"列表框中，如图 2-63 所示。

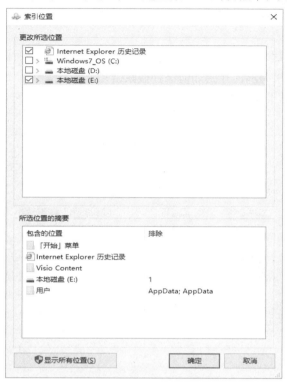

图 2-62　"索引位置"对话框

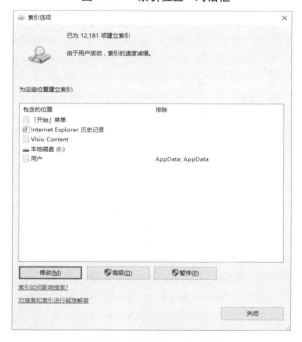

图 2-63　"索引选项"对话框

添加索引位置后，如果计算机处于空闲状态，会自动为新添加的索引位置编制索引。当索引编制完成，再次搜索文件或文件夹时，会连同新添加的位置一起搜索。利用这种方法，可以将经常需要搜索的目录添加到索引中，为以后的搜索提供方便。

5. 保存搜索结果

将搜索后的结果保存起来，可以方便日后快速查找。下面以前面所讲的"更改搜索位置"中在"此电脑"搜索到的结果为例，介绍如何保存搜索结果。

① 单击搜索完成的结果窗口中的"保存搜索"按钮，如图 2-64 所示，在弹出的窗口中，用户可以选择搜索结果的保存位置和名称，如图 2-65 所示。

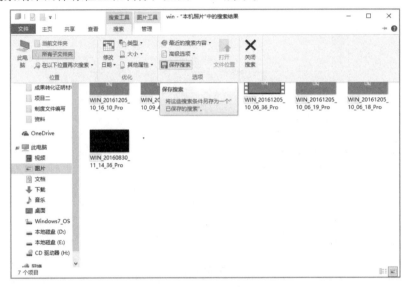

图 2-64　单击"保存搜索"按钮

图 2-65　保存搜索结果

② 单击"保存"按钮，完成对该搜索结果的保存。

搜索结果保存后，可以单击文件夹窗口"导航窗格"找到保存的搜索，如图 2-66 所示。这样以后需要再次搜索相同的文件时，相应的快捷方式即可完成。

图 2-66　找到保存的搜索

2.3　Windows 10 系统定制

2.3.1　设置任务栏

任务栏实际上是桌面下方的一个长条形区域，左侧是一系列添加的程序图标，右侧是通知区域、输入法显示器、时间指示器，如图 2-67 所示。

图 2-67　任务栏

1. 在任务栏中固定程序图标

除了将常用的程序图标放置到桌面外，还可以将程序图标添加到程序栏中来方便启动程序，对于桌面上的应用程序图标，或开始屏幕中的应用程序图标，可以采用鼠标拖动的方法添加到任务栏中，当拖动到任务栏中的图标出现"链接"字样时，如图 2-68 所示，释放鼠标即可。任务栏中的图标也可以采用拖动的方法改变位置。

图 2-68　应用程序图标移至任务栏

"开始"菜单中的应用程序图标也可以采用单击鼠标右键的方法，将其固定到任务栏中。右击应用程序图标，在弹出的快捷菜单中选择"固定到任务栏"命令，如图 2-69 所示。

图 2-69　将"开始"菜单中的应用程序图标添加到任务栏

"开始"菜单中没有的应用程序图标也可以将其添加到任务栏中。方法是先找到应用程序的位置，然后右击应用程序图标，在弹出的快捷菜单中选择"固定到任务栏"命令，如图 2-70 所示。

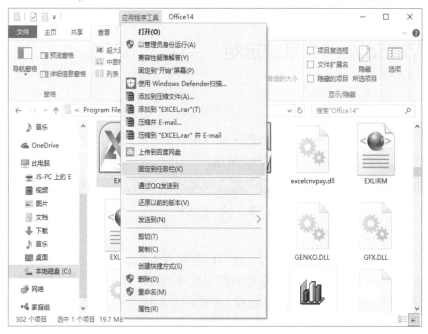

图 2-70　将其他位置的应用程序图标添加到任务栏

采用以上方式能在任务栏添加多个应用程序图标，需要启动程序时，直接单击任务栏上的图标即可。需要删除任务栏中的图标时，右击任务栏中的程序图标，在弹出的快捷菜单中选择"从任务栏取消固定"命令，如图 2-71 所示。

图 2-71　选择"从任务栏取消固定"命令

2．锁定任务栏

任务栏默认显示在屏幕的下方，任务栏中可以创建多个图标，其位置也可以任意拖动，如果不将任务栏锁定，在操作过程中可能会无意删除任务栏中的图标、更改图标的顺序或改变任务栏的位置等。用户可以将其锁定，在任务栏的空白处右击，在弹出的快捷菜单中选择"锁定任务栏"命令，如图 2-72 所示。

图 2-72　锁定任务栏

3．自定义工具栏

任务栏左侧用来放置程序图标，右侧是通知区域、时间指示器、输入法指示器，中间的大范围区域放置特殊的工具。在工具栏的空白处右击，在弹出的快捷菜单中选择"工具栏"命令，即可选择需要放置到任务栏中的工具。

4．更改任务栏的显示方式

在任务栏的空白处右击，在弹出的快捷菜单中选择"设置"命令，弹出"设置"对话框，在"任务栏"中具有多个选项，如图 2-73 所示。

通过"锁定任务栏"可将任务栏锁定，避免误操作改变设置。

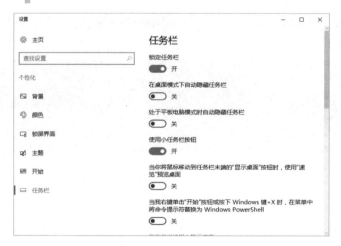

图 2-73 "任务栏"设置

打开"在桌面模式下自动隐藏任务栏"选项后，任务栏会自动隐藏，桌面的可视面积将会增大，将鼠标指针指向屏幕下方时，任务栏会自动出现。

打开"使用小任务栏按钮"选项，任务栏中的程序图标以小图标显示。

在"合并任务栏按钮"列表框中，有"始终隐藏标签""任务栏已满时""从不"3 个选项，可以通过这些设置改变标签的显示方式。

5. 设置任务栏的位置

任务栏显示在屏幕的下方，用户可以根据个人操作习惯改变任务栏的位置，打开"设置"对话框，选择"任务栏"选项，在"任务栏在屏幕上的位置"列表框中可以设置任务栏在屏幕的位置，如图 2-74 所示。

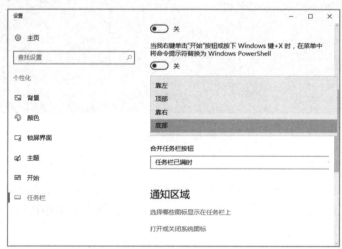

图 2-74 设置任务栏的位置

实际上，用户可以右击任务栏的空白处，在弹出的快捷菜单中取消选择"锁定任务栏"命令，这样可以将任务栏自由拖动到合适位置后，再将任务栏锁定即可，如图 2-75 所示。

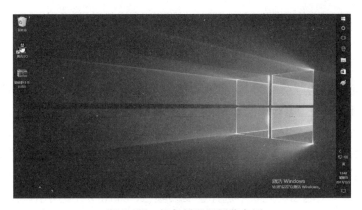

图 2-75　任务栏置于屏幕右侧

6. 设置通知区域

通知区域是用来显示系统启动时加载的程序，用户可以自定义设置，显示或隐藏某些程序图标。选择"设置"对话框中的"任务栏"选项，在"通知区域"可以设置"选择哪些图标显示在任务栏上""打开或关闭系统图标"。

2.3.2　设置"开始"菜单

Windows 10 中的"开始"菜单是用户经常要面对的栏目，可以通过相关设置达到符合用户的视觉需要和使用习惯。

1. 轻松设置"开始"菜单

在"开始"菜单中选择"所有程序"命令显示系统中所有的应用程序和文件夹，用户可以拖动一个 Windows 10 中的应用程序或桌面上的应用程序，从"开始"菜单的左半部分移动到右半部分，用户可以很方便地将经常使用的应用程序放到"开始"菜单的右侧，如图 2-76 所示，便于用户快速打开。

图 2-76　将应用程序从"开始"菜单的左半部分移动到右半部分

将多个图标添加到"开始"菜单的右半部分，并且右击某个图标，在弹出的快捷菜单中可以调整图标的大小。"开始"菜单右半部分随着图标的增减会自动调整大小，同时还可以对新加的图标进行命名。

2. 调整"开始"菜单

移动鼠标指针到"开始"菜单的上边框时，鼠标指针会变成"上下双箭头"样式，按住鼠标左键并上下拖动，可以调整"开始"菜单的高度。

"开始"菜单的背景颜色默认为黑色，但是为了满足用户多样化的个性需求，用户可以根据自己的偏好设定背景的颜色。在桌面的空白处右击，在弹出的快捷菜单中选择"个性化"命令，打开"个性化"窗口后，选择左侧列表的"颜色"选项，在右侧的主窗格中单击"从我的背景自动选取一种主题色"，从"主题色"列表中选择喜爱的颜色，如图 2-77 所示，在上方的"预览"界面中可以看到"开始"菜单及任务栏的颜色发生了变化。

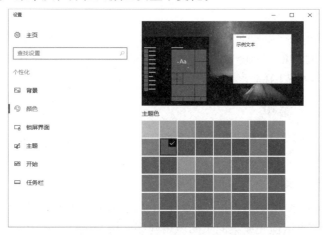

图 2-77　调整"开始"菜单的颜色

为了追求个性化的效果，可以先选择喜爱的背景，然后在"个性化"窗口的颜色区域开启"从我的背景自动选取一种主题色"、"使'开始'菜单、任务栏和操作中心透明"、"显示'开始'菜单、任务栏和操作中心的颜色"、"显示标题栏颜色"和"选择应用模式"选项，如图 2-78 所示。

图 2-78　"开始"菜单设置

2.3.3　Windows 10 桌面个性设置

对于"开始"菜单和任务栏的个性化设置，都只能是修改一部分特性，而对整个桌面更有影响的是桌面背景及视窗的外观。

1. 设置桌面图标

在默认情况下，Windows 10 桌面上只有一个"回收站"图标。用户查看和管理计算机资源很不方便，可以通过以下操作步骤显示其他桌面图标：

① 在桌面上空白处右击，在弹出的快捷菜单中选择"个性化"命令，如图 2-79 所示。

② 在打开的"设置"窗口中，选择左侧列表的"主题"选项，单击右侧窗格"相关的设置"区域的"桌面图标设置"按钮，如图 2-80 所示。

③ 在弹出的"桌面图标设置"对话框的"桌面图标"区域，选中需要在桌面显示的图标，如图 2-81 所示。

图 2-79　选择"个性化"命令

图 2-80　"设置"窗口

④ 单击"确定"按钮即可在桌面上显示图标。

2. 更换桌面主题

Windows 10 提供了强大的桌面主题功能。桌面主题功能是将桌面壁纸、边框颜色、系统声效等组合，提供焕然一新的用户界面效果。

① 右击桌面的空白处，在弹出的快捷菜单中选择"个性化"命令，打开"设置"窗口。

② 在"设置"窗口的左侧列表中选择"主题"选项，单击右侧窗格"主题"区域的"主题设置"按钮，打开"个性化"窗口。"个性化"窗口分为"我的主题""Windows 默认主题""高对比度主题"三类。默认情况下，"我的主题"中没有任何主题，用户可以选择 3 个分类下的主题：更

改桌面背景、颜色、声音，如图 2-82 所示。主题切换一般在几秒钟内完成，如果要切换到"高对比度主题"分类下的主题可能会花费较长时间。

图 2-81 "桌面图标设置"对话框

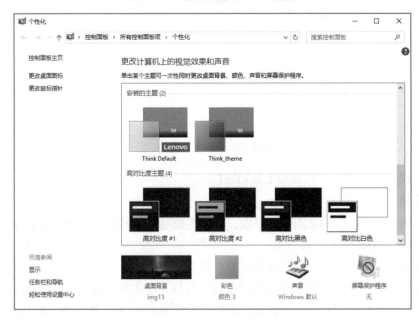

图 2-82 "个性化"窗口

Windows 10 也允许用户从网络上下载并安装精美的主题，其他用户自制的 Windows 10 主题也能安装。用户可以访问微软 Windows 10 网页，从中下载精美的主题（包括带多张桌面幻灯片式主题），如图 2-83 所示。

图 2-83　网站中的主题包

单击"联机获取更多主题"超链接，会将相应的主题包下载到本地计算机，然后再双击下载后的文件，即可安装主题。主题安装完成后，将出现在"个性化"窗口的"我的主题"分类下。

3. 设置桌面背景

在 Windows 10 桌面上，除了图标以外就是桌面背景了。用户可以通过以下操作步骤设置桌面背景：

① 在"设置"窗口左侧列表中选择"背景"选项，如图 2-84 所示。

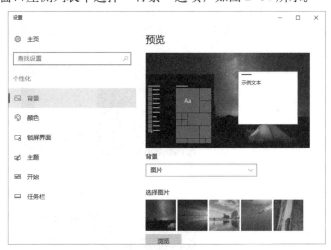

图 2-84　选择"背景"选项

② 在右侧窗格中的"背景"下拉列表中选择"图片"选项，然后在"选择图片"区域选择需要作为背景的图片。如果没有的图片，可以单击"浏览"按钮，指定计算机中的某个图片。

③ 在"选择契合度"下拉列表中指定图片的显示方式，其中"填充"指背景图片小于屏幕时，图片在纵向和横向都进行扩展以填充整个屏幕；"适应"指图片的大小与屏幕大小相匹配；"拉伸"类似于填充，但图片较小时，会出现严重变形；"平铺"指多张相同背景图片铺满整个屏幕；"居中"指将图片定位在屏幕的正中央，如图 2-85 所示。

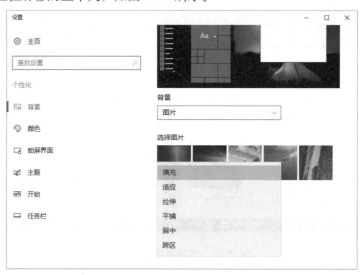

图 2-85　"选择契合度"下拉列表

如果在"背景"下拉列表中选择"幻灯片放映"选项，单击"浏览"按钮，指定保存多张图片的文件夹，然后在"更改图片的频率"下拉列表中设置图片的切换时间。此种设置方式的效果是每隔某个时间间隔，桌面图片就会发生变化。

如果不喜欢使用图片作为桌面背景，用户还可以直接设定使用某种单一的颜色作为桌面背景。在"背景"下拉列表中选择"纯色"。在"背景色"区域选择一个颜色作为背景色，如图 2-86 所示。

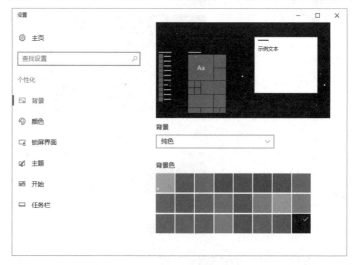

图 2-86　纯色的桌面背景

4. 调整系统声音主题

用户不仅能够自定义窗口的边框颜色，还能够自定义 Windows 系统声音方案。并且 Windows 10 同样内置了许多声音方案供用户选择。选择"设置"窗口中的"主题"选项，在右侧列表"相关的设置"中选择"高级声音设置"选项，弹出"声音"对话框，如图 2-87 所示。

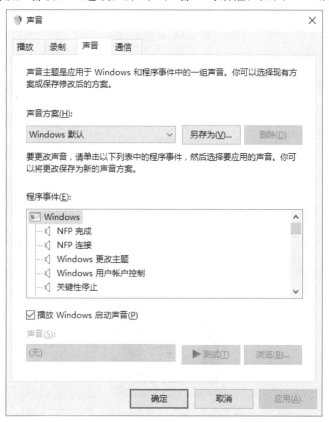

图 2-87 "声音"对话框

在"声音方案"下拉列表中，单击当前的声音方案会出现内置声音方案的下拉菜单，选择适合的方案后，可以在"程序事件"列表框中双击事件来试听新方案的声音效果。若用户对系统内置的声音方案不满意，可以在"程序事件"列表框中选择需要更改声音的事件，单击"浏览"按钮，选择自定义的声音文件即可。

5. 设置屏幕保护

如果用户长时间没有操作计算机，Windows 提供的屏幕保护程序就会自动启动，以显示较暗的或者活动的画面，从而保护显示器屏幕。设置屏幕保护程序的操作步骤如下：

① 在"设置"窗口的左侧列表中选择"锁屏界面"选项，单击右侧窗格下方的"屏幕保护程序设置"超链接，如图 2-88 所示。

② 弹出"屏幕保护程序设置"对话框，在"屏幕保护程序"下拉列表中选择喜爱的屏幕保护程序，并单击"设置"按钮进行详细设置，如图 2-89 所示。

图 2-88 "设置"窗口"锁屏界面"选项

图 2-89 "屏幕保护程序设置"对话框

③ 在"等待"数值框中选择屏幕保护程序的启动时间，单击"确定"按钮即可完成设置。

如果用户设置了系统登录密码，此处可以选中"在恢复时显示登录屏幕"复选框。完成设置后，退出屏幕保护程序时会弹出"密码"对话框，必须输入正确的密码才能退出屏幕保护程序。

6. 设置显示分辨率

显示分辨率是指显示器上显示的像素数量，分辨率越高，显示器显示的像素就越多，屏幕区域就越大，可以显示的内容也就越多；反之，则越少。显示颜色是指显示器可以显示的颜色数量。显示的颜色数量越高，图像就越逼真；反之，图像色彩就越失真。设置显示分辨率的操作步骤如下：

① 在桌面的空白处右击，在弹出的快捷菜单中选择"显示设置"命令。在"设置"窗口左侧列表中选择"显示"选项，单击右侧窗格下方的"高级显示设置"超链接。如图 2-90 所示。

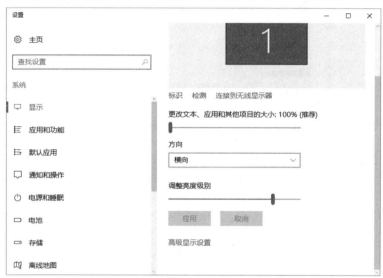

图 2-90　单击"高级显示设置"超链接

② 在"高级显示设置"窗口中，在"自定义显示器"区域的"分辨率"下拉列表中选择合适的分辨率即可，如图 2-91 所示。

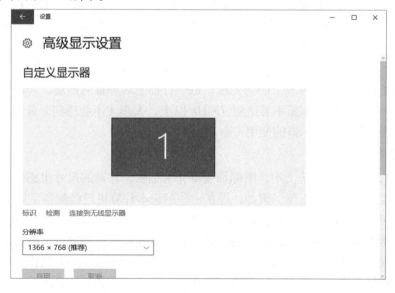

图 2-91　设置分辨率

③ 如果需要设置颜色和刷新率，可单击"相关设置"区域中的"显示适配器属性"超链接，打开该设备的"属性"对话框，在"监视器设置"区域的"屏幕刷新频率"下拉列表中设置屏幕刷新频率，如图 2-92 所示。

图 2-92　设置刷新率

显示器的分辨率不能随意设置，液晶显示器都存在最佳分辨率。推荐的设置：规格为 43.2 cm（俗称 17 寸）、48.3 cm（俗称 19 寸）推荐的分辨率设置为 1280×1024；48.3 cm（俗称 19 寸）宽屏的分辨率设置为 1440×900；规格为 50.8 cm（俗称 20 寸宽屏）推荐的分辨率设置为 1920×1050 等。

另外，刷新率的设置只针对老式的 CRT 显示器；液晶显示器不需要设置。这是因为 CRT 显示器的图像是由电子枪逐行扫描屏幕上的荧光粉，每一行都是对屏幕的刷新。若刷新率低屏幕的闪烁就比较厉害。一般显示器的刷新率要达到 75 Hz 以上，人眼才不会感到屏幕的闪烁；但是刷新率也不应过高，否则会缩短显示器的使用寿命。

7. 调整屏幕字体大小

在高分辨率的情况下，系统文本、图标都变得非常细腻，相对的尺寸也感觉比低分辨率情况下更小，由此可能给用户带来不便。例如，现在一些笔记本计算机已经配备了规格为 43.2 cm 的 LCD 屏幕，最大可支持 1920×1200 的分辨率。这种规格的液晶显示屏在最大分辨率的情况下，显示出来的字体非常细小，不易于阅读；如果设置的分辨率比标准分辨率低，则会出现显示模糊、字体不清晰的现象。在 Windows 10 中，用户可以使屏幕上的文本或其他项目以比标准更大的尺寸显示，而无须降低显示器的分辨率，这样可以保持显示器分辨率始终为最佳效果的同时，调整文本或其他项目的尺寸。要设置文本大小，可以按照以下步骤操作：

①　在"高级显示设置"窗口中，单击"相关设置"区域中的"文本和其他项目大小调整的高级选项"超链接，如图 2-93 所示。

图 2-93　单击"文本和其他项目大小调整的高级选项"超链接

②　在打开的"显示"窗口中，单击"更改项目的大小"区域中的"设置自定义缩放级别"超链接，如图 2-94 所示。

图 2-94　设置自定义缩放级别

③　在弹出的"自定义大小选项"对话框中，在"缩放为正常大小的百分比"下拉列表中设置字体的缩放比例，如图 2-95 所示。

④ 完成设置后，单击"确定"按钮即可。

在所有设置都完成后，单击"显示"窗口中的"应用"按钮，这时系统会要求用户注销来更改 Windows 显示，按照提示注销并重新登录后便会启用新的文本大小设置。

8. 调整 ClearType 显示效果

ClearType 是 Windows 系统中的一种字体显示技术，使用这种技术可以在很大程度上提高LCD 显示器字体的清晰度及平滑度。正确设置ClearType 能够使屏幕上的文本更加细致，即使长时间阅读计算机中的文本、网页时，也不会导

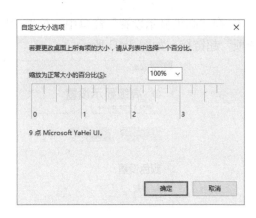

图 2-95　设置字体的缩放比例

致眼睛疲劳或精神紧张。Windows 10 中默认开启此项功能，并应用到整个系统及 IE 浏览器中。

在安装系统时，Windows 会自动设置 ClearType 来增强计算机的显示效果，用户可以通过"ClearType 文本调谐器"来微调 ClearType 的设置，以满足不同的需求。在"高级显示设置"窗口"相关设置"区域单击"ClearType 文本"超链接，打开调谐器后，用户需要按照向导完成几个步骤选择最清晰的文本（见图 2-96），在完成后便会启动新的 ClearType 设置。

图 2-96　"ClearType 文本调谐器"对话框

2.3.4　键盘和鼠标的设置

键盘和鼠标是最基本的计算机输入设备，几乎所有的用户操作都离不开这两种设备。当用户需要满足每个人的需求时，可以对键盘和鼠标进行调整。

1. 设置键盘属性

调整键盘属性的操作步骤如下：

① 首先打开"控制面板"窗口，在该窗口中单击"键盘"超链接，如图 2-97 所示。

图 2-97 "控制面板"窗口

② 弹出"键盘 属性"对话框,在"速度"选项卡中的"字符重复"选项栏中,拖动"重复延迟"滑块,可调整在键盘上按住一个键不松,多长时间后会再次重复这个字符;拖动"重复速度"滑块,可调整输入重复字符的速率;在"光标闪烁速度"选项栏中,拖动滑块,可调整光标的闪烁频率,如图 2-98 所示。用户可根据需要进行不同的调整,单击"应用"按钮,即可使所选设置生效。

2. 设置鼠标属性

设置鼠标的属性包括鼠标的按键方式、鼠标指针方案和鼠标移动方式。

1) 设置鼠标的按键方式

如果用户有左手操作的习惯,那么鼠标要摆放在面对计算机屏幕的左侧。此时,需要将鼠标左键、右键的功能互换。

① 首先打开"控制面板"窗口,在该窗口中单击"鼠标"超链接,如图 2-99 所示。

图 2-98 "键盘 属性"对话框

② 在弹出的"鼠标 属性"对话框中选择"鼠标键"选项卡,选中"切换主要和次要的按钮"复选框,如图 2-100 所示。此时,鼠标的左右键功能已经互换,再单击"确定"按钮。

2) 设置鼠标指针方案

设置鼠标指针方案可以改变Windows 10的默认鼠标指针过于单调或者不够明显的情况。在"鼠

标 属性"对话框中选中"指针"选项卡，在"方案"下拉列表中选择新的鼠标指针方案（见图 2-101），然后单击"确定"按钮。

图 2-99 "控制面板"窗口

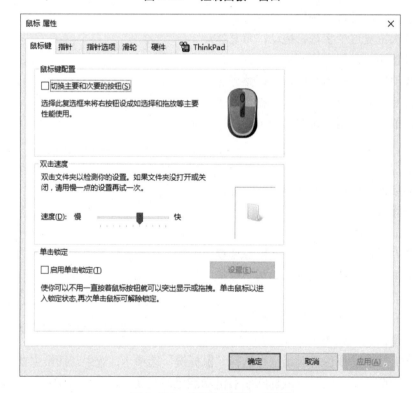

图 2-100 "鼠标 属性"对话框

图 2-101　设置鼠标指针方案

3）设置鼠标移动方式

如果鼠标指针移动的速度太快，稍微晃动就看不见指针了。如果鼠标移动的速度太慢，又会耽误时间。所以可以对指针进行设置。在"鼠标 属性"对话框中选中"指针选项"选项卡。通过拖动"移动"滑块调整鼠标指针的移动速度即可。如果选中"显示指针轨迹"复选框，鼠标指针移动就会产生残影，方便用户跟踪它的移动，如图 2-102 所示。设置完毕后，单击"确定"按钮。

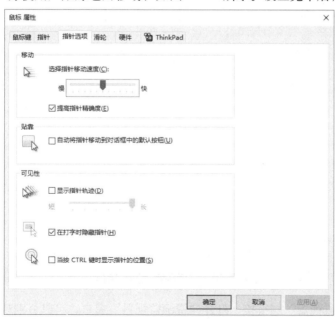

图 2-102　"指针选项"选项卡

应用软件的安装与管理

2.4.1 安装应用软件

为了扩展系统的使用领域，用户必须在计算机中安装专业的应用软件。本节就来指导用户做好软件安装前的准备工作、安装过程中的注意事项及详细的安装方法。

1. 安装前的准备工作

在决定安装某个应用软件之前，应注意以下问题：

1）计算机配置状况

计算机硬件对应用程序运行的影响很大，因此这是决定计算机各项性能的首要因素。例如，某些大型在线游戏要求运行较高的图像、音频、视频处理程序，对硬件的配置要求就非常苛刻。

查看当前设备性能情况有多种办法，最简便的就是在 Windows 10 桌面上的底部状态栏中右击，在弹出的快捷菜单中选择"任务管理器"命令，在"任务管理器"窗口中选择"性能"选项卡，可以看到的 CPU、内存、磁盘和网络带宽的使用情况，CPU、内存、磁盘用的都是百分比模式，如图 2-103 所示。

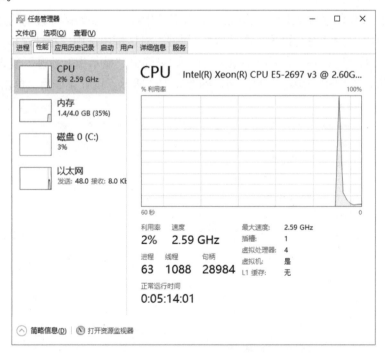

图 2-103 "任务管理器"窗口

单击"打开资源监视器"超链接，打开"资源监视器"窗口，可以分别观察 CPU、内存、磁盘、网络的使用情况，如图 2-104 所示。

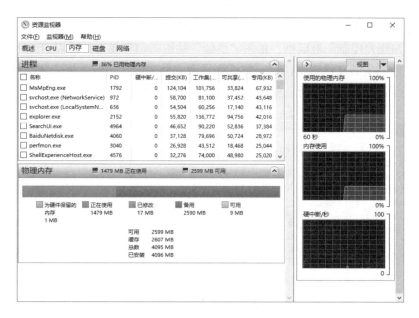

图 2-104　"资源监视器"窗口

2）应用软件的兼容性

Windows 10 是新一代操作系统，其优良的性能决定它会取代旧版本系统，而大多数应用软件都可以兼容旧版本的操作系统，而不一定兼容新一代的 Windows 10 系统，如果强行安装，会导致安装失败，或者导致安装后的应用软件不能正常运行。因此，在安装软件之前，用户应该查阅软件的说明书或官方资料，确认应用软件能够正常兼容 Windows 10。

3）其他问题

在决定安装一个应用软件之前，还需要了解该应用软件的补丁程序的相关信息以及其他用户对该软件的评价。

如果一个应用软件正式发布后才发现有安全漏洞或者功能上的缺陷，那么软件开发人员可能会为程序发布补丁程序，或者提供解决问题的办法，因此访问软件开发商的网站了解软件的相关信息是一个好办法。

另外，很多共享软件中捆绑其他和程序本身的功能完全不相干的第三方软件以谋取利益，甚至是"流氓软件"。因此，在安装前了解该软件的用户评价度是很有必要的，同时在安装时应当注意安装过程中的选项决定是否安装被捆绑的软件。

2. 影响应用软件的因素

安装应用软件的过程实际上就是将某些文件复制到本地硬盘上，向系统注册表中写入一些数据，再对一些系统选项进行更改的过程，只不过在安装应用软件时，这些操作都是由应用软件的安装程序来完成的。那么在实际的安装操作中，就容易出现各种问题。

1）权限问题

默认情况下，Windows 10 启用用户账户控制功能。当使用标准账户登录 Windows 10 时，该用户就具有标准用户的权限。在安装应用软件时，系统会弹出一个对话框，要求当前登录的标准用户选择一个系统中已有的管理员账户，并输入该账户的密码，才可以执行安装操作。

当用户使用管理员账户登录 Windows 10，受限于用户账户控制功能，在安装应用软件时，如果系统弹出"用户账户控制"对话框，单击"继续"按钮即可完成安装过程。

如果因为软件的安装文件不支持这一特性而导致安装失败，可以右击安装文件，在弹出的快捷菜单中选择"以管理员身份运行"命令即可，如图 2-105 所示。

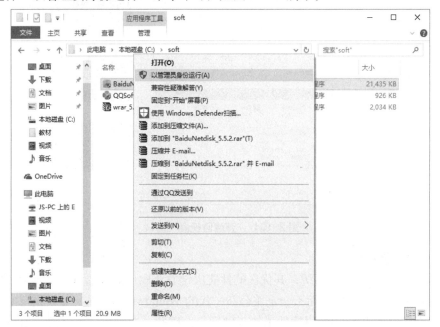

图 2-105　选择"以管理员身份运行"命令

2）兼容性问题

当用户试图以管理员身份运行一个第三方软件（指用户为了实现某种功能需要在计算机中安装的软件）时，因为该程序没有包含有效的数字签名，因此 Windows 10 将其显示为"未能识别的程序"。同时，对话框顶部的色块是黄色的，而且带有一个盾牌图标。

提示：未能识别的程序是指没有其发行者所提供用于确保该程序正是其所声明程序的有效数字签名的程序。这不一定表明有危险，因为许多旧的合法程序也缺少签名。但是，应该特别注意，并且仅当其获取自可信任的来源（如原装 CD 或发行者网站）时，允许此程序运行。

3. 从光盘安装应用程序

如果要安装的软件在光盘上，则需要将安装光盘放入光驱中。由于系统默认具有自动播放功能，因此会自动识别光盘中的自动安装程序。下面以安装 Microsoft Office 2013 为例，介绍从光盘安装应用软件的详细过程。

① 如果要安装的正是自动播放的程序，则单击"运行 SETUP．EXE"按钮；如果要安装的是光盘中其他位置的安装程序，则单击"打开文件夹以查看文件"按钮进行选择。此处直接运行安装程序。

② 弹出"用户账户控制"对话框，需要用户确认，或输入管理员账户的密码。此处单击"继续"按钮。

③ 进入"输入您的产品密钥"对话框，提示输入产品密钥。输入正确的密钥后，单击"继续"按钮。

④ 进入"阅读 Microsoft 软件许可证条款"对话框，阅读条款后选中"我接受此协议的条款"复选框，再单击"继续"按钮，如图 2-106 所示。

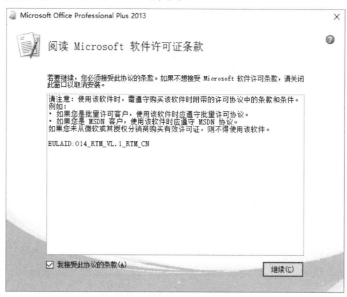

图 2-106　许可证条款

⑤ 弹出"选择所需的安装"对话框，选择需要的安装方法。若单击"立即安装"按钮，系统将默认把 Office 2013 的所有组件都安装在"C:\Program Files\Microsoft Office"路径下，此处单击"自定义"按钮进行组件选择，如图 2-107 所示。

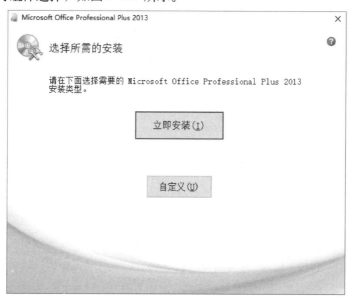

图 2-107　单击"自定义"按钮

⑥ 进入安装选项设置对话框，选择安装的组件，在"安装选项"选项卡中（见图 2-108），单击不需要安装的组件，在弹出的下拉列表中选择"不可用"选项。

图 2-108 "安装选项"选项卡

⑦ 在"文件位置"选项卡中单击"浏览"按钮，重新选择安装路径，单击"立即安装"按钮，开始正式安装，如图 2-109 所示。

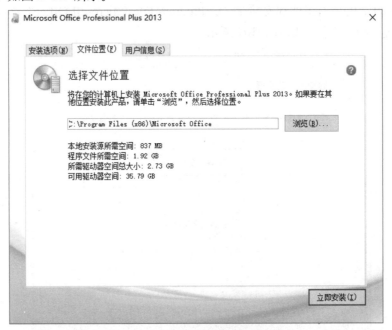

图 2-109 "文件位置"选项卡

提示：在"用户信息"选项卡中可以设置用户个人信息，也可以忽略。

⑧ 弹出"安装进度"对话框，显示安装 Office 2013 的进度，如图 2-110 所示，需要等待一段时间。

⑨ 自动安装完成后将弹出"已成功安装"对话框，提示已成功安装，单击"关闭"按钮退出安装程序。

图 2-110　"安装进度"对话框

4. 从互联网上安装应用软件

如果用户手中找不到安装软件光盘，可以从网络上下载软件的安装程序，以安装"迅雷看看播放器"为例，具体操作步骤如下：

① 若从网络下载软件的安装程序，建议从软件官方网站进行下载，如果不知道官方网址，可以通过百度等搜索引擎进行搜索。

② 单击"官方下载"按钮，可以直接进行下载，也可以单击上方的链接打开官方网站后再单击"立即下载"按钮进行下载。

③ 弹出"另存为"对话框，用户应指定软件下载的保存位置，如图 2-111 所示。

④ 指定保存位置后，单击"保存"按钮即可开始下载，下载完成后，即可进行安装。

如果选中"下载完成后关闭此对话框"复选框，下载完成后，该对话框会自动关闭，用户可以在保存位置直接双击下载后的文件进行安装。

从互联网上下载软件，建议使用网际快车、迅雷等专业的下载工具，因为专业工具下载的速度快且不易断线。

小型软件可以安装在系统盘中，而大型软件推荐安装在非系统盘中，所以在安装软件时一定要注意设置软件的安装目录。还应注意安装选项，不要安装不需要的捆绑软件。

图 2-111　设置安装程序的保存位置

2.4.2　管理应用软件

在安装好需要的应用软件后，还应进行有效管理。Windows 10 使用了和以往操作系统中完全不同的界面来显示已经安装的应用软件，并提供了在管理应用软件过程中需要的工具和选项。

1. 查看已安装的应用软件

可以通过以下操作步骤查看计算机中已经安装的软件：

① 在"控制面板"窗口中单击"程序和功能"按钮，如图 2-112 所示。

图 2-112　单击"程序和功能"按钮

② 打开"程序和功能"窗口，即可看到当前已经安装的软件，如图 2-113 所示。

图 2-113 "程序和功能"窗口

如果需要了解软件的其他信息，可以在列的名称上右击，在弹出的快捷菜单中选择"其他"命令，弹出"选项详细信息"对话框，"详细信息"列表中列出了可用于描述程序的各种属性，选中希望显示的属性名称前的复选框，再单击"确定"按钮即可。

提示：也可以通过反选的方法隐藏不需要显示的属性。还可以通过单击"上移"和"下移"按钮调整属性的显示顺序。例如，选中"上一次使用日期"复选框，将显示每个软件上一次的使用日期，可以根据这一属性排列应用程序，单击"上一次使用日期"列名称即可查看最近使用过的应用软件。

2. 卸载已安装的应用软件

计算机中不需要某种软件，应通过以下操作步骤卸载，这样既可节省硬盘的存储空间，又可以提高系统的性能：

① 在"程序和功能"窗口中选中需要卸载的软件，如"迅雷"，单击"卸载"按钮，如图 2-114 所示。

图 2-114 卸载软件

② 弹出"迅雷卸载"对话框，选择第 3 项，单击"下一步"按钮继续，如图 2-115 所示。

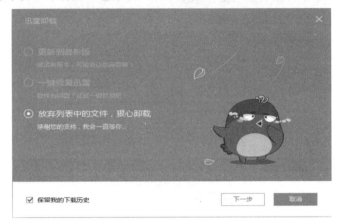

图 2-115　卸载确认对话框

③ 软件卸载的进程，此过程花费的时间取决于软件的大小和计算机的硬件配置。

④ 软件卸载完成后会弹出"选择卸载原因"对话框，单击"完成"按钮即可。如果想对软件的开发人员提出建议，可以选择卸载的原因，以便开发人员做出改进。

3. 卸载系统更新程序

Windows 10 中的系统更新是一种非常重要的功能。当系统发现安全隐患时，微软公司会发布补丁来加强系统安全；当系统的功能存在缺陷时，微软公司也会提供更新程序进行修复。但是，若用户安装了不正常的更新程序，可能会导致系统运行异常，甚至频繁出现蓝屏、死机等故障，因此当发现安装更新程序后系统出现异常应及时卸载更新程序。

① 通过"控制面板"打开"程序和功能"窗口，单击左侧的"查看已安装的更新"超链接，如图 2-116 所示。

图 2-116　单击"查看已安装的更新"超链接

② 在打开的"已安装更新"窗口中列出了 Windows Update 网站安装的所有更新程序。选中需要卸载的更新，单击"卸载"按钮，如图 2-117 所示。

图 2-117　卸载系统更新

③ 弹出"卸载更新"对话框，提示确认卸载更新操作，单击"是"按钮确认即可，如图 2-118 所示。

图 2-118　"卸载更新"对话框

因为更新程序的特殊性，有些更新在安装之后是无法卸载的。而且除非确认某个更新会导致严重的系统问题，否则不建议卸载已安装的更新。发现安装某个系统更新程序导致操作异常后，应立即卸载，可以在"卸载更新"窗口显示更新的日期，最新的日期即为需要卸载的程序。

4. 保证旧版本软件正常运行

某些在旧版本系统（如 Windows XP）中能够正常运行的软件，在 Windows 10 的新系统环境中有可能不能运行。这时，可以使用程序兼容性向导更改该程序的兼容性设置。

① 设置"控制面板"的查看方式为"类别"，单击"程序"超链接，如图 2-119 所示。

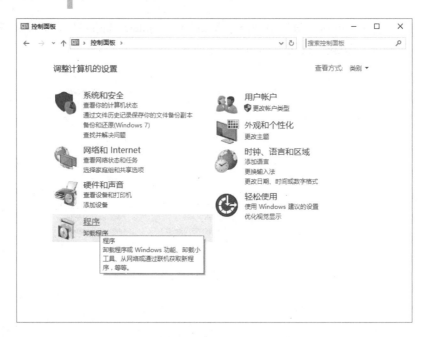

图 2-119　单击"程序"超链接

②　在打开的"程序"窗口中单击"程序和功能"区域的"运行为以前版本的 Windows 编写的程序"超链接，如图 2-120 所示。

图 2-120　"程序"窗口

③　"程序兼容性疑难解答"向导自动启动，单击"下一步"按钮继续，如图 2-121 所示。

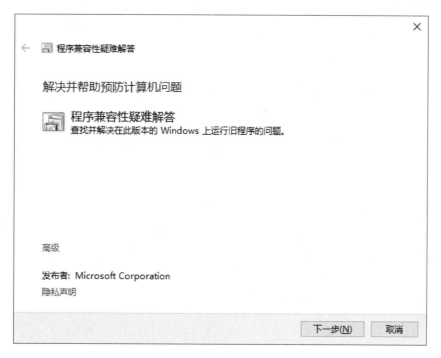

图 2-121　"程序兼容性疑难解答"向导

④ 在弹出的"选择有问题的程序"对话框中指定需要兼容的程序，如图 2-122 所示。如果此对话框没有显示需要兼容的程序，可以在列表框中选择"未列出"选项进行手动选择，单击"下一步"按钮继续。

图 2-122　"选择有问题的程序"对话框

⑤ 在弹出的"您注意到什么问题"对话框中，在出现的问题前勾选复选框，如图2-123所示，单击"下一步"按钮继续。

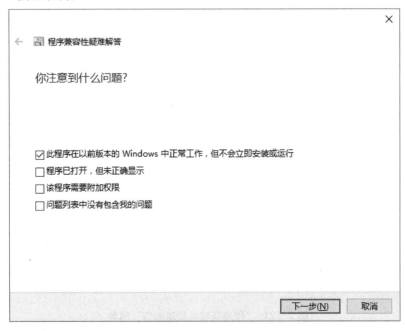

图 2-123　软件出现的问题

⑥ 在弹出的"此程序以前运行于哪个 Windows 版本"对话框中指定程序能够正常运行的Windows 版本，如图2-124所示，单击"下一步"按钮继续。

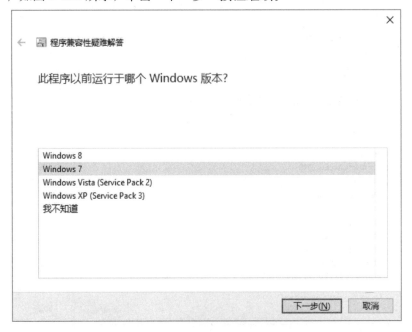

图 2-124　选择软件正常运行的系统版本

⑦ 程序兼容性会自动测试问题，如图 2-125 所示，单击"下一步"按钮继续。

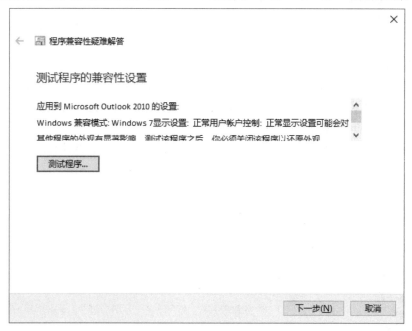

图 2-125　自动测试问题

⑧ 在弹出的"故障排除完成。问题得到解决了吗？"对话框中选择"是，为此程序保存这些设置"选项即可，如图 2-126 所示。

图 2-126　故障排除完成

2.4.3　配置应用软件

计算机中安装大量的应用软件后，除了能够进行有效的管理外，还可以对应用软件进行相关配置。

1. 配置默认程序

默认程序是打开某种特殊类型的文件（如音乐文件、图像或网页）时，Windows 所使用的程序。例如，如果在计算机上安装了多个 Web 浏览器，可以选择其中之一作为默认浏览器。配置默认程序可以选择希望 Windows 在默认情况下使用的程序。

① 在"控制面板"的"程序"窗口中单击"默认程序"区域的"设置默认程序"按钮，如图 2-127 所示。

图 2-127　单击"设置默认程序"按钮

② 在弹出的"设置默认程序"对话框的左侧列表框中选择希望配置的程序，再选择"将此程序设置为默认值"选项，再单击"确定"按钮即可，如图 2-128 所示。

③ 如果希望实现更加有选择性的设置，则需要单击"设置默认程序"对话框中的"选择此程序的默认值"选项，弹出"设置程序关联"对话框。此对话框显示了该程序支持的所有文件类型及协议类型，同时还显示了不同项目的描述，以及与每个项目关联的程序。选中所有希望被该程序处理的类型，并反选所有不希望被该程序处理的类型，然后单击"保存"按钮即可，如图 2-129 所示。

图 2-128　"设置默认程序"对话框

图 2-129　"设置程序关联"对话框

2. 配置文件关联

配置文件关联和配置默认程序存在本质上的不同：配置文件关联功能是针对不同类型的文件来决定用哪个程序打开，而配置默认程序功能则是决定这个程序可以用来打开哪些类型的文件。

① 打开"默认程序"窗口，在"选择 Windows 默认使用的程序"区域中单击"将文件类型或协议与程序关联"超链接，如图 2-130 所示。

图 2-130 "默认程序"窗口

② 弹出"设置关联"对话框，从列表框中选择想要更改的文件类型，单击上方的"更改程序"按钮，如图 2-131 所示。

图 2-131 "设置关联"对话框

③ 弹出"你要如何打开这个文件"对话框，其中列出了系统认为的可以用于打开这种类型文件的所有程序。从程序列表框中选择一个程序，然后单击"确定"按钮即可。

除此之外，还可以在计算机中选择想要更改文件类型的文件，右击此文件，在弹出的快捷菜单中选择"打开方式"命令，从子菜单中选择一个程序即可，如图 2-132 所示。

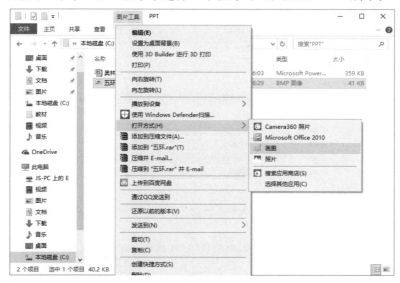

图 2-132　选择"打开方式"命令

3. 更改自动播放设置

更改 Windows 10 的自动播放设置，可以为不同类型的数字媒体（如音乐 CD 或数码相机中的照片）选择要使用的程序。

① 打开"默认程序"窗口，在"选择 Windows 默认使用的程序"区域中单击"更改'自动播放'设置"超链接，如图 2-133 所示。

图 2-133　单击"更改'自动播放'设置"超链接

② 进入"自动播放"对话框，列出了针对不同设备类型设置不同的自动播放选项。在每个要设置的设备类型下拉列表中，根据设备中保存文件的不同选择合适的操作，如图 2-134 所示。

图 2-134 "自动播放"对话框

③ 单击"保存"按钮完成设置。

4. 设置特定程序的访问

使用"设定程序访问和计算机默认值"可以让用户更容易地更改用于某些活动（如 Web 浏览、发送电子邮件、播放音频和视频文件及使用即时消息）的默认程序。

① 打开"控制面板"中的"默认程序"窗口，在"选择 Windows 默认使用的程序"区域中单击"设置程序访问和此计算机的默认值"超链接，如图 2-135 所示。

图 2-135 "默认程序"窗口

② 打开"设置程序访问和此计算机的默认值"窗口，可以指定某些动作的默认程序，包括浏览器、电子邮件程序、媒体播放机程序、即时消息程序及 Java 程序。设置完毕后，单击"确定"按钮保存更改，如图 2-136 所示。

"设置程序访问和此计算机的默认值"窗口中提供了 3 种选项：

Microsoft Windows：选中此单选按钮后，系统将会使用 Windows 10 自带的几个程序作为默认程序。

非 Microsoft：选中此单选按钮后，系统将会隐藏 Windows 10 自带的几个程序。

自定义：选中此单选按钮，可以对这些程序进行更详细的设置。例如，用户希望使用 360 浏览器作为默认的网页浏览器，可以在"选择默认的 Web 浏览器"区域中取消选中 Internet Explorer 的"启用对此程序的访问"复选框。

图 2-136　"设置程序访问和计算机的默认值"窗口

2.5　实践操作

2.5.1　设置个性化 Windows 10 工作环境

① 在桌面上添加常用应用程序的快捷方式图标，设置"此电脑"和"网络"等系统桌面图标，设置桌面图标的排列方式。

② 将屏幕分辨率设置为 1 280×720。

③ 从网上下载一幅像素为 1 280×720 的图片，并将其设置为桌面背景。

④ 设置 Windows 窗口和按钮的显示样式、色彩方案和字体大小等显示外观。

⑤ 按照自己的需要自定义任务栏和"开始"菜单，如在任务栏中显示"快速启动工具栏"，在任务栏右侧的通知区域显示时钟，自动隐藏任务栏；调整"开始"菜单的高度。

⑥ 在网上下载字体包安装自己所需的字体，删除不经常使用的字体。

⑦ 根据需要对鼠标进行双击速度、指针显示、指针移动速度以及可见性等设置。

⑧ 调整系统日期和时间为当前的日期和时间。

2.5.2　创建、整理、移交文件资料

① 在 E 盘根目录下新建一个名为"卡通.bmp"的位图文件，并使用附件中的"画图"程序绘制一个卡通人物。

② 在 E 盘根目录下新建一个名为"古诗.txt"的文本文件，并使用附件中的"写字板"编辑一首自己喜欢的古诗。

③ 在 E 盘根目录下新建一个名为"练习"的文件夹。

④ 将"卡通.bmp"文件移动到"练习"文件夹中。

⑤ 将"古诗.txt"文件复制到"练习"文件夹中。

⑥ 设置"练习"文件夹中"古诗.txt"文件的属性为"隐藏"。

⑦ 设置"练习"文件夹中"卡通.bmp"文件的属性为"只读"和"存档"。

⑧ 在 E 盘根目录下新建一个名为"风景图片"的文件夹。

⑨ 在网上下载多张自己喜欢的风景图片，并保存在"风景图片"文件夹中。

⑩ 将"练习"和"风景图片"压缩成为"文件资料"的压缩文件。

⑪ 将压缩文件"文件资料.rar"复制到闪存盘上。

⑫ 将闪存盘上的"文件资料.rar"文件移交给老师或同学。

⑬ 对"文件资料.rar"进行解压缩。

⑭ 下载一款系统优化软件如"Windows 优化大师"，并将其安装在本地计算机上。

⑮ 卸载一个不经常使用的应用程序。

⑯ 使用"Windows 优化大师"软件对系统进行检测、优化、清理和维护。

⑰ 为自己创建一个管理员账户，并为该账户设置密码。

⑱ 请查询相关资料，为本地计算机设置开机密码。

注意：计算机在启动时，首先要进行 CMOS 自检，然后才会进入操作系统。如果在 CMOS 中设置了密码，则必须输入 CMOS 密码才能够继续启动计算机，否则无法登录到系统中。

单元 3

Word 2013 文字处理软件

【学习目标】

- 掌握 Word 文稿的输入方法。
- 掌握文档格式化运用。
- 掌握如何在文档中插入元素。
- 掌握长文档编辑。

3.1 Word 2013 概述

Word 2013 是 Office 办公软件的组件之一，是用于创建和编辑各类型的文档应用软件，它适合家庭、文教、桌面办公和各种专业文稿排版领域进行公文、报告、信函、文学作品等文字处理。

Word 2013 有一个可视化，也是"所见即所得"用户图形界面，能够方便快捷地输入和编辑文字、图形、表格、公式和流程图。本章将介绍文本和各种插入元素的输入、编辑和格式化操作，快捷生成各种实用的文档。

能够在 Word 2013 窗口界面中熟练使用各选项卡和功能区的命令按钮。

Word 2013 适合在计算机上进行文稿的输入、编辑和格式处理。文稿一般有三种形式：文件和信函、告示和报告、长文档（如说明书、写作书稿）。在文稿中还需要插入如图片、表格等增加文稿说明信息的数据。文稿编辑后，还要进行格式化处理，因为文稿必须按照行业或社会要求的通用格式向外传送。

Word 2013 使用面向结果的全新用户界面，让用户可以轻松找到并使用功能强大的各种命令按钮，快速实现文本的录入、编辑、格式化、图文混排、长文档编辑等。要想用好 Word 2013，首先必须很好地了解和掌握 Word 2013 窗口界面中各选项卡和功能区命令按钮的使用。

3.1.1 Word 2013 的窗口组成

启动 Word 2013 后，屏幕上会打开一个 Word 窗口，它是与用户进行交互的界面，是用户进行文字编辑的工作环境。窗口的主要组成如图 3-1 所示。

Word 2013 的窗口摒弃菜单类型的界面，采用"面向结果"的用户界面，可以在面向任务的选项卡上找到操作按钮。Word 2013 的窗口主要由快速访问工具栏、标题栏、选项卡、功能区、状态栏、编辑区、视图按钮、缩放标尺、标尺按钮及任务窗格。

图 3-1 Word 2013 的窗口

Word 2013 窗口功能的描述如下：

1. 选项卡

在 Word 2013 窗口上方是选项卡栏，选项卡类似 Windows 菜单，但是选择某个选项卡时，并不会打开这个选项卡的下拉菜单，而是切换到与之相对应的功能区面板。选项卡分为主选项卡、工具选项卡。默认情况下，Word 2013 界面提供的是主选项卡，从左到右依次为文件、开始、插入、页面布局、引用、邮件、审阅及视图，如图 3-2 所示。当文稿中图表、SmartArt、形状（绘图）、文本框、图片、表格和艺术字等元素被选中操作时，在选项卡栏的右侧都会出现相应的工具选项卡。如插入"表格"后，就能在选项卡栏右侧出现"表格工具"工具选项卡，"表格工具"下方有两个工具选项卡：设计和布局。

图 3-2 Word 2013 选项卡

2. 功能区

每选择一个选项卡，都会打开对应的功能区面板，每个功能区根据功能的不同又分为若干个功能组。鼠标指针指向功能区的图标按钮时，系统会自动在光标下方显示相应按钮的名字，单击各个命令按钮组右下角的 图 按钮（如果有的话），可弹出相应的对话框或任务窗格。图 3-3 所示为单击"字体"组右下端的 图 按钮弹出的"字体"对话框。

单击 Word 窗口选项卡栏右方的 ︿ 按钮，可将功能区最小化，这时 ︿ 按钮变成 ✚ 按钮，再次单击该按钮可复原功能区。

图 3-3　"字体"对话框

下面以 Word 2013 提供的默认选项卡的功能区为例进行说明：

"开始"功能区：从左到右依次包括剪贴板、字体、段落、样式和编辑 5 个组，该功能区主要用于帮助用户对 Word 2013 文档进行文字编辑和格式设置，是用户最常用的功能区。

"插入"功能区：包括页、表格、插图（插入各种元素）、链接、页眉和页脚、文本、符号等几个组，主要用于在 Word 2013 文档中插入各种元素。

"页面布局"功能区：包括主题、页面设置、稿纸、页面背景、段落、排列等几个组，用于帮助用户设置 Word 2013 文档页面样式。

"引用"功能区：包括目录、脚注、引文与书目、题注、索引和引文目录等几个组，用于实现在 Word 2013 文档中插入目录等比较高级的功能。

"邮件"功能区：包括创建、开始邮件合并、编写和插入域、预览结果和完成等几个组，该功能区的作用比较专一，专门用于在 Word 2013 文档中进行邮件合并方面的操作。

"审阅"功能区：包括校对、语言、中文简繁转换、批注、修订、更改、比较和保护等几个组，主要用于对 Word 2013 文档进行校对和修订等操作，适用于多人协作处理 Word 2013 长文档。

"视图"功能区：包括文档视图、显示、显示比例、窗口和宏等几个组，主要用于帮助用户设置 Word 2013 操作窗口的视图类型。

注意：Word 提供的工具选项卡的查看可通过下列操作步骤完成。

① 右击功能区右端空白处，在弹出的快捷菜单中选择"自定义功能区"命令。

② 弹出"Word 选项"对话框（见图 3-4），在左边的"从下列位置选择命令"下拉列表中选择"工具选项卡"，即可在下方的列表框中出现工具选项卡列表。

图 3-4 "Word 选项"对话框

3. 快速访问工具栏

快速访问工具栏可实现常用操作工具的快速选择和操作，如保存、撤销、恢复、打印预览等。单击该工具栏右端的 按钮，在弹出的下拉列表中选择一个左边复选框未选中的命令，如图 3-5 所示，可以在快速访问工具栏右端增加该命令按钮；要删除快速访问工具栏的某个按钮，只需要右击该按钮，在弹出来的快捷菜单中选择"从快速访问工具栏删除"命令即可，如图 3-6 所示。

用户可以根据需要设置快速访问工具栏的显示位置。单击该工具栏右端的 按钮，在弹出的下拉列表中选择"在功能区下方显示"命令，即可将快速访问工具栏移动至功能区下方。

4. 状态栏

状态栏提供有文档的页码、字数统计、语言、修订、改写和插入、录制（添加了"开发工具"选项卡后才显示）、视图快捷方式、显示比例和缩放滑块等辅助功能。以上功能可以通过在状态栏单击相应文字来激活或取消。

图 3-5　"自定义快速访问工具栏"下拉列表

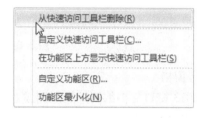

图 3-6　删除快速访问工具栏按钮

1）页面

显示当前光标位于文档第几页及文档的总页数。单击状态栏最左端的页面，弹出"查找和替换"对话框，选择"定位"选项卡，可以快速地跳转到某页、某行、脚注、图形等目标，如图 3-7 所示。

图 3-7　"查找和替换"对话框

2）修订

Word 具有自动标记修订过的文本内容的功能。也就是说，可以将文档中插入的文本、删除的文本、修改过的文本以特殊的颜色显示或加上一些特殊标记，便于以后再对修订过的内容进行审阅。

3）改写和插入

改写指输入的文本会覆盖当前插入点光标"|"所在位置的文本；插入是指将输入的文本添加到插入点所在位置，插入点后面的文本将顺次往后移。Word 默认的编辑方式是插入。键盘上的 Insert 键可转换插入与改写状态。

4）宏录制

创建一个宏，相当于批处理。如果要在 Word 中反复执行某项任务，可以使用宏自动执行该任务。宏是一系列 Word 命令和指令，这些命令和指令组合在一起，形成一个单独的命令，以实现任务执行的自动化。要使用录制功能，必须先添加"开发工具"选项卡。具体操作步骤如下：

① 在 Word 2013 功能区空白处右击，在弹出的快捷菜单中选择"自定义功能区"命令。

② 弹出"Word 选项"对话框，在右端的"自定义功能区"列表框中选中"开发工具"复选框，此时"开发工具"选项卡出现在功能区右端，如图 3-8 所示。

图 3-8 "开发工具"选项卡

5）任务窗格

Word 2013 窗口文档编辑区的左侧或右侧会适时显示被打开相应的任务窗格，在任务窗格中为读者提供所需要的常用工具或信息，帮助读者快速顺利地完成操作。编辑区左侧的任务窗格有审阅窗格、导航窗格和剪贴板窗格，编辑区右侧的任务窗格有剪贴画、样式、邮件合并和信息检索（信息检索、同义词库、翻译和英语助手）。

文档编辑区的左端是导航窗格，导航窗格的上方是搜索框，用于搜索当前打开文档中的内容。在下方的列表框中通过单击 和 按钮，可以分别浏览文档、文档中的标题、文档中的页面和当前搜索结果 ，在该窗格中可以通过标题样式快速定位到文档中的相应位置、浏览文档缩略图，也可通过关键字搜索定位。

如果导航窗格没打开，单击"视图"选项卡"显示"组中的"导航窗格"按钮即可打开导航窗格。以下 3 种定位方式能保证导航窗格已打开。

（1）通过标题样式定位文档

如果文档中的标题应用了样式，应用了样式的标题将显示在导航窗格中，用户可通过标题样式快速定位到标题所在的位置。打开某个标题应用了样式的文档，在导航窗格的"浏览您的文档中的标题"选项卡下，可以看到应用了样式的标题，单击需要定位的标题，可立即定位到所选标题位置。

（2）查看文档缩略图

单击"浏览您的文档中的页面"图标 ，可以看到文档的各页面缩略图。

（3）搜索关键字定位文档

如果用户需要查看与某个主题相关的内容，可在导航窗格中通过搜索关键字来定位文档。例如，在导航窗格文本框中输入关键字"排版"，所搜索的关键字立即在文档中突出显示；单击"浏览您当前搜索的结果"图标 ，其中显示了文档中包含关键字的标题；单击需要查看的标题，即可定位到文档相应位置，如图 3-9 所示。

6）文稿视图方式

Word 2013 提供了页面、阅读版式、Web 版式、大纲和草稿 5 个视图方式。各个视图之间的切换可简单地通过单击状态栏右方的视图按钮来实现。

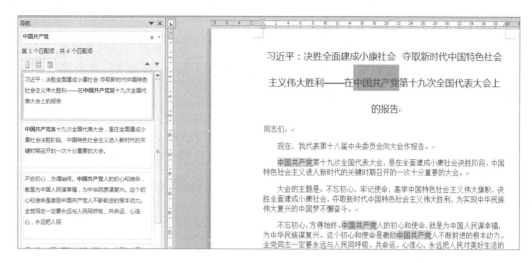

图 3-9　搜索关键字定位文档

　　页面视图：用于显示整个页面的分布状况和整个文档在每一页上的位置，包括文件图形，表格图文框，页眉、页脚、页码等，并对它们进行编辑，具有"所见即所得"的显示效果，与打印效果完全相同，可以预先看见整个文档以什么样的形式输出在打印纸上，可以处理图文框、分栏的位置并且可以对文本、格式及版面进行最后的修改，适合用于排版。

　　阅读版式视图：分为左/右两个窗口显示，适合阅读文章。

　　Web 版式视图：在该视图中，Word 能优化 Web 页面，使其外观与在 Web 或 Internet 上发布时的外观一致，可以看到背景、自选图形和其他在 Web 文档及屏幕上查看文档时常用的效果，适合网上发布。

　　大纲视图：用于显示文档的框架，可以用它来组织文档，并观察文档的结构，也为在文档中进行大规模移动生成目录和其他列表提供了一个方便的途径，同时显示大纲工具栏，可给用户调整文档的结构提供方便，如移动标题与文本的位置、提升或降低标题的级别等。

　　草稿视图：用于快速输入文件、图形及表格并进行简单的排放，这种视图方式可以看到版式的大部分（包括图形），但不能显示页眉、页脚、页码，也不能编辑这些内容，也不能显示图文的内容以及分栏的效果等，当输入的内容多于一页时系统自动加虚线表示分页线，适合录入。

　　7）缩放标尺

　　缩放标尺又称缩放滑块，单击缩放滑块左端的缩放比例按钮，会弹出"显示比例"对话框，可以对文档进行显示比例的设置，如图 3-10 所示。用户也可以直接拖动缩放滑块进行显示比例的调整。

图 3-10　"显示比例"对话框

8）快捷菜单

右击文稿或右击插入元素，都会在单击处出现快捷菜单，该菜单有上下两个框面，上面是选中对象的属性，下面是该对象的快捷菜单。使用快捷菜单能快速对该对象进行各种操作或设置。

5. Word 2013 自定义"功能区"设置

在"Word 选项"对话框中可查看到 Word 提供的常用命令（只有 59 个），而不在功能区的命令却有 700 多个。如果用户在录入、编辑文档时经常要用到某个不在功能区中的命令，可以增加相应的选项卡和功能组及命令按钮。例如，用户想在"插入"和"页面布局"选项卡之间添加一个用户自定义的选项卡"我的菜单"，该选项卡功能区分为两个组，添加选项卡及功能区命令组后如图 3-11 所示，具体操作步骤如下：

① 右击功能区空白处，在弹出的快捷菜单中选择"自定义功能区"命令，弹出"Word 选项"对话框。

② 在"Word 选项"对话框中，在右侧的"自定义功能区"选择"主选项卡"选项，并且在下方的列表框中选中要插入新选项卡的"插入"选项卡。单击列表框下方的"新建选项卡"按钮，可在"插入"选项卡之后增加一个名为"新建选项卡"选项卡，如图 3-12 所示。通过"新建选项卡"命令按钮旁边的"重命名"及"新建组"定制自己的选项卡和相应功能分组。本例的选项卡名为"我的菜单"，包含两个组"图片"和"打印"。

图 3-11　自定义的选项卡

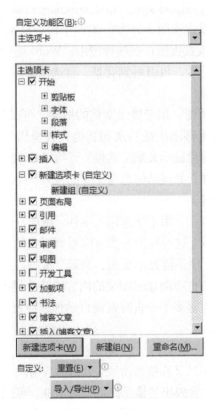

图 3-12　新建选项卡

③ 为新建的选项卡及功能组添加命令按钮，在左端的"从下列位置选择命令"下拉列表中选定一个命令按钮所在的集合，如"工具选项卡"；如果选择"所有命令"，会将 Word 所提供的全部命令在下方的列表框中罗列出来。图 3-13 所示为图片组定制了"图片边框""粗细""组合""其他布局选项"4 个命令按钮。

④ 类似③的操作步骤，为"打印"组添加"打印预览和打印"命令按钮（在常用命令可找到）、"页面设置"命令按钮（在"页面布局"选项卡可找到），最后在"Word 选项"对话框中单击"确定"按钮，可以看到最后的选项卡外观，如图 3-14 所示。

图 3-13　定义"图片"功能组命令按钮

图 3-14　添加的"打印预览和打印"和"页面设置"命令按钮

⑤ 如果想将某个已显示的选项卡取消显示，例如，要取消图 3-14 所示的"我的菜单"选项卡，步骤如下：

a. 右击功能区空白处，选择"自定义功能区"命令，弹出"Word 选项"对话框。

b. 取消选中右方的"主选项卡"列表框中列出的"我的菜单"选项卡前面的复选框。

c. 单击"确定"按钮。这时可看到系统相应的选项卡标签已经取消。这种方法取消后通过再次选中复选框可以重新显示相应选项卡。如果在步骤②中选择相应选项卡后，单击"Word 选项"对话框中间的"删除"按钮，则是真正意义的删除。

3.1.2 Word 2013 文件保存与安全设置

1. 保存新建文档

要保存新建的文档，可通过选择"文件"|"保存"命令；或者直接单击快速访问工具栏中的  按钮；或者直接使用 Ctrl＋S 组合键。如果是第一次保存，会弹出"另存为"对话框，如图 3-15 所示。在"另存为"对话框，选择好保存位置，输入文件名，并注意在"保存类型"下拉列表中选择好类型，最后单击"确定"按钮。

默认情况下，Word 2013 文档类型为"Word 文档"，扩展名是".docx"；系统还可以提供用户选择 Word 2013 以前的版本，如 Word97－2003，即 2013 版本是向下兼容以往版本的；用户从"保存类型"下拉列表中可看到系统提供的存储类型是相当多的，有 PDF、XPS、RTF、纯文本、网页等。

图 3-15 "另存为"对话框

2. 保存已有文档

第一次保存后文档就有了名称。如果之后对文档进行了修改，再保存时通过选择"文件"|"保存"命令；或者直接单击快速访问工具栏的 按钮；或者直接按快捷键 Ctrl＋S 3 种方法都可以进行保存，但系统不再弹出"另存为"对话框，只是用当前文档覆盖原有文档，实现文档更新。

如果用户保存时不想覆盖修改前的内容，可利用"另存为"命令保存，通过选择"文件"|"另存为"命令，在"另存为"对话框中设置新的保存位置、文件名、文件类型，最后单击"确定"按钮即可。

3. "文件"选项卡中的"保存并发送"选项

Word 2013 新增加了一个"保存并发送"选项，选择"文件"|"保存并发送"命令，会打开图 3-16 所示的窗口。Word 2013 可提供"使用电子邮件发送"、"保存到 Web"、"保存到 SharePoint"和"发布为博客文章" 4 种方式；文件类型中还提供了"创建 PDF/XPS 文档"。如果希望保存的

文件不被他人修改，并且希望能够轻松共享和打印这些文件，使得文件在大多数计算机上看起来均相同、具有较小的文件大小并且遵循行业格式，可以将文件转换为 PDF 或 XPS 格式，而无须其他软件或加载项，选择"文件"|"保存并发送"命令，在图 3-16 所示的窗口中单击"创建 PDF/XPS 文档"即可。例如，简历、法律文档、新闻稿、仅用于阅读和打印的文件以及用于专业打印的文档均可存为 PDF/XPS 文档。

图 3-16　"保存并发送"窗口

注意：将文档另存为 PDF 或 XPS 文件后，无法将其转换回 Microsoft Office 文件格式，除非使用专业软件或第三方加载项。

Word 2013 提供将文件作为附件发送，选择"文件"|"保存并发送"命令，选择"使用电子邮件发送"，然后选择下列 4 选项之一：

① 作为附件发送：打开电子邮件，附加了采用原文件格式的文件副本。

② 以 PDF 形式发送：打开电子邮件，其中附加了 PDF 格式的文件副本。

③ 以 XPS 形式发送：打开电子邮件，其中附加了 XPS 格式的文件副本。

④ 以 Internet 传真形式发送。

Word 2013 提供将文件作为电子邮件正文发送的功能，首先需要将"发送至邮件收件人"命令添加到快速访问工具栏中。打开要发送的文件，在快速访问工具栏中单击"发送至邮件收件人"按钮，输入一个或多个收件人，根据需要编辑主题行和邮件正文，然后单击"发送"按钮。

4. 加密文档 Word 2013 提供两种加密文档的方法

1）使用"保护文档"按钮加密

"保护文档"按钮提供了 5 种加密方式，各种方式加密后的文档权限在图 3-17 中都能看到详细描述，这里以最常用到的"用密码进行加密"方式对文档进行加密。

① 选择"文件"|"信息"命令，单击"保护文档"按钮（见图 3-17），弹出下拉列表。

② 选择"用密码进行加密"选项，弹出图 3-18（a）所示的"加密文档"对话框，输入密码，单击"确定"按钮。

③ 弹出图 3-18（b）所示的"确认密码"对话框，再次输入密码，单击"确定"按钮。如果确认密码与第一次输入的不同，系统会弹出"确认密码与原密码不同"信息提示框，单击"确定"按钮，可重返"确认密码"对话框，重新输入密码。设置好后，"保护文档"按钮右侧的"权限"两字由原来的黑色变成了红色。要打开设置了密码的文档，用户必须在系统弹出的"密码"对话框中输入正确的密码，否则系统会提示密码错误，无法打开文档。

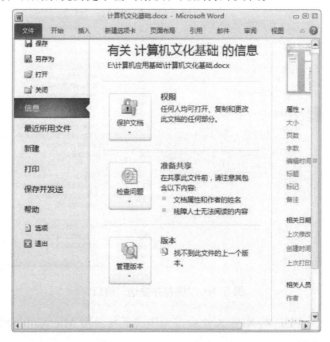

图 3-17　单击"保护文档"按钮

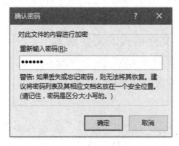

(a)"加密文档"对话框　　　　　　　(b)"确认密码"对话框

图 3-18　文档加密

2）使用"另存为"对话框加密

选择"文件"|"另存为"命令，弹出"另存为"对话框，在对话框下方单击"工具"|"常规选项"按钮，弹出"常规选项"对话框，在该对话框可以设置打开文件时的密码和修改文件时的密码，如图 3-19 所示。

图 3-19　"常规选项"对话框

3.1.3　Word 2013 "选项" 设置

Word 2013 "选项" 设置有 7 个选项卡，可以对 Word 2013 的各种运行功能做预先的设置，使 Word 在使用中效率更高，用户使用时更方便安全、更有个性。

Word 2013 "选项" 设置可以选择 "文件" | "选项" 命令，共有 7 个选项，分别是常规、显示、校对、保存、版式、语言和高级。

1. "常规" 选项卡

"常规" 选项卡提供用户在使用时的一些常规选项。例如，选中 "选择时显示浮动工具栏" 复选框，工具栏将以浮动形式出现。"配色方案" 列表框中有 "银色" "蓝色" 和 "黑色" 3 种选择，用户选择不同的颜色，Word 的窗口界面颜色会相应改变。

2. "显示" 选项卡

"显示" 选项卡可以更改文档内容在屏幕上的显示方式以及打印时的显示方式。例如，选中 "在页面视图中显示页面间的空白" 复选框，在页面视图中，页与页之间将显示空白；反之，页与页之间只有一条细线分隔。

选中 "悬停时显示文档工具提示" 复选框，当鼠标指针悬停时会有文档工具提示信息出现。选中 "始终在屏幕显示这些格式标记" 下的任意复选框，将在文档的查看过程中看到相应的格式标记，如选中 "制表符" 复选框，文档在屏幕将显示所有的制表符符号。

选中 "隐藏文字" 复选框，在 "字体" 对话框中设置过 "隐藏" 格式的文字将以带下画虚线的特定格式显示，否则该文字将在各视图中都不可见。

在 "显示" 选项卡下方有 6 个关于打印选项的复选框设置，可以设置好多种打印显示方式，用户可自行选中并查看打印显示方式。

3. "校对"选项卡

"校对"选项卡用于 Word 更正文字和设置其格式的方式。

"自动更正"对话框中，系统预设了不少自动更正功能，让用户可以输入简单的字符去代替复杂的符号，或者是将用户容易出现的一些拼写错误自动更正过来，如录入"abbout"自动更正为"about"，如图 3-20 所示。

此时在文档编辑区输入"abbout"，系统会自动替换成"about"。这种自动更正功能可以提高用户录入一些比较复杂且录入频率又高的文本或符号的效率，也可以作为更正全篇文档多处存在相同的某个错误录入字符或词组的简单方法。

在"校对"选项卡中还能设置自动拼写与语法检查功能，使用户在输入文本时，如果无意输入了错误的或不正确的系统不可识别的单词，Word 会在该单词下用红色波浪线标记；如果是语法错误，出现错误的文本会被绿色波浪线标记。具体设置步骤如下：

① 在图 3-21 所示的"校对"选项卡中，选中"键入时检查拼写""键入时标记语法错误""随拼写检查语法"复选框。

② 单击"确定"按钮。

图 3-20 "自动更正"对话框

③ 在"校对"选项卡最下方的"例外项"下拉列表中可选择要隐藏写错误和语法错误的文档，在其下方选中"只隐藏此文档中的拼写错误"和"只隐藏此文档中的语法错误"复选框，这时该文档有拼写和语法错误后，将不会显示标记错误的波浪线。

4. "保存"选项卡

"保存"选项卡用于自定义文档保存方式，提供了保存文档的位置、类型、保存自动恢复时间间隔等设置选项。"将文件保存为此格式"下拉列表提供了文档的多种保存类型的选择，默认情况下是"＊.docx"，还提供了 Word 较低版本的格式"＊.doc"、文本格式、网页格式等，如图 3-22 所示。

5. "版式"选项卡

"版式"选项卡用于中文换行设置。用户在该选项卡中可自定义后置标点（如"！""、"等，这些标点符号不能作为文档中某一行的首字符）与前置标点（如"＄""（"等，这些标点符号不能作为行的最后一个字符）。

"版式"选项卡用于在中文、标点符号和西文混合排版时，进行字距调整与字符间距的控制设置。

6. "语言"选项卡

"语言"选项卡用于设置 Office 语言的首选项。

图 3-21　"Word 选项"对话框

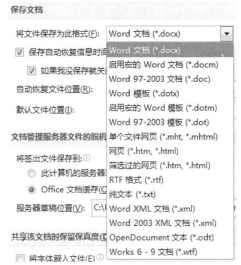

图 3-22　文档保存类型

7. "高级"选项卡

"高级"选项卡提高用户使用 Word 的工作效率，提供设置更具有个性化操作的高级选项。按设置的功能分成"编辑选项"（18 项）、"剪切、复制和粘贴"（9 项）、"图像大小和质量"（3 项）、"显示文档内容"（12 项）、"显示"（12 项）、"打印"（13 项）、"保存"（4 项）、"常规"（9 项）等。因篇幅关系，本节不再详述，请读者自行理解和设置。

3.2　Word 文稿输入

一篇 Word 文稿开始的工作是基础文字的输入，可以说是"起草"文书。因此，为了高效率和高质量地完成文稿的输入任务，必须掌握 Word 文稿快捷输入的各种方法。要快速完成文稿输入，掌握一种便捷的汉字输入法，熟练的键盘手法是最为重要的。

Word 输入一般默认格式为 A4 纸型、纵向。但是，要学会根据不同的文件、信函和文稿，选择不同的页面设置，选择有效的 Word 模板或样式，这样在文稿的标准化、规范化上就不容易犯错误。还应掌握特殊符号和多级编号的输入方法，掌握 Word 一些特殊的快捷输入方式，如两个文件合并套打的"邮件合并"方式等。

3.2.1　页面设置

文档的页面设置就是指确定文档的外观，包括纸张的规格、纸张来源、文字在页面中的位置、版式等。文档最初的页面是按 Word 的默认方式设置的，Word 默认的页面模板是"Normal"。为了取得更好的打印效果，要根据文稿的最终用途选择纸张大小，纸张使用方向是纵向还是横向，每页行数和每行的字数等，可以进行特定的页面设置。

　　用户可以选择"页面布局"选项卡，"页面设置"组提供了"文字方向""页边距""纸张方向""纸张大小""分栏""分隔符""分页符""行号""断字"命令按钮，基本可以满足用户页面设置的常用要求，非常方便快捷。例如，要设置纸型为B5，只需要在"页面设置"组中单击"纸张大小"按钮，在弹出的下拉列表中选中"B5"即可，如图3-23所示。如果用户对页面设置有更进一步的要求，可以单击"页面设置"组右下方的按钮，打开"页面设置"对话框进一步设置。

　　"页面设置"对话框的4个选项卡为"页边距""纸张""版式"和"文档网格"。

　　要注意的是，每个选项卡要选择"应用于"的范围，如"整篇文档"还是"插入点之后"的设置应用范围。

　　1. "纸张"设置

　　关于"纸张"的设置，用户更快捷的设置方式是直接单击"页面布局"选项卡的"页面设置"组的相应按钮进行设置。

　　"纸张"选项卡可设置纸张的大小，Word默认的纸张大小为A4（宽度为21 cm，高度为29.7 cm）。在"纸张"选项卡中，从"纸张大小"下拉列表中选择需要的纸张型号，如图3-24所示。如果需要自定义纸张的宽度和高度，在"纸张大小"下拉列表中选择"自定义大小"选项，然后再分别输入"宽度"和"高度"值。

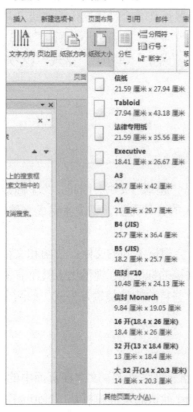

图3-23　"纸张大小"下拉列表

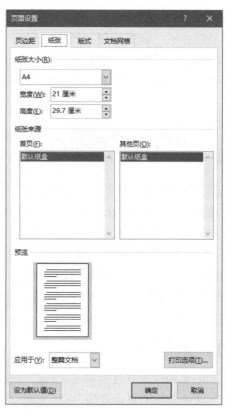

图3-24　"纸张"选项卡

2.　"文字方向"和"文档网格"设置

"文档网格"选项卡可以设置每页的文字排列、每页的行数、每行的字符数等。"文档网格"设置的具体操作步骤如下：

①　单击"页面布局"选项卡"页面设置"组中的"行号"下拉按钮。

②　在弹出的下拉列表中选择"行编号"选项。

③　在弹出的"页面设置"对话框中选择"文档网络"选项卡，在这里进行相关选项的设置即可。如果选中"指定行和字符网格"单选按钮，可以在"每行"和"每列"下拉列表中决定每页的行数和每行的字符数。

"文字排列"可以选择每页文字排列的方向。如图 3-25 所示，在"页面设置"对话框的"文档网格"选项卡中有"水平"和"垂直"两个单选按钮可供选择。还可选择文档是否分栏以及分栏的栏数。

此外，也可通过"页面布局"选项卡"页面设置"组中的"文字方向"按钮进行文字方向的设置，不仅提供了"水平"和"垂直"方向，还提供了旋转角度方向。

3.　"页边距"设置

"页边距"选项卡可以设置每页的页边距。页边距是指正文与纸张边缘的距离，包括上、下、左、右页边距。

"页面设置"对话框的"页边距"选项卡中还提供了两种页面方向"纵向"和"横向"的设置。如果设置为"横向"，则屏幕显示的页面是横向显示，适合于编辑宽行的表格或文档，如图 3-26 所示。

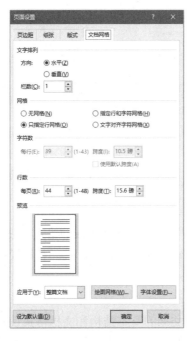

图 3-25　"文档网格"选项卡

图 3-26　"页边距"选项卡

4．"版式"设置

"版式"选项卡用来设置节、页眉和页脚的位置。

5．横向设置应用

如果在一个文档中要使某些页面设置成横向方式，可以通过插入"分节符"，然后利用"页面设置"功能实现。如果要设置成图 3-27 所示的版式，可按如下步骤操作：

① 在需要设置横向页面格式之处插入分节符。单击"页面布局"选项卡"页面设置"组中的"分隔符"按钮，弹出"分隔符"下拉列表，然后选中"分节符"选项区域的"下一页"选项，如图 3-28 所示。

② 单击"页面布局"选项卡"页面设置"组中的"纸张方向"→"横向"按钮即可。

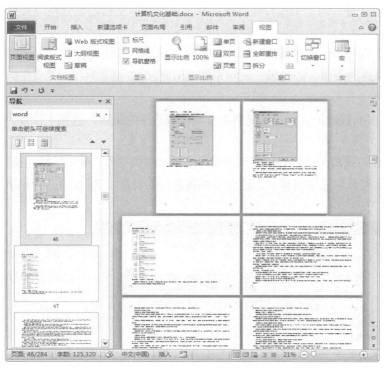

图 3-27　横向页面设置　　　　　　　　　　　　　　　图 3-28　"分隔符"下拉列表

3.2.2　使用模板或样式建立文档格式

Word 提供了各种固定格式的写作文稿模板，用户可以使用这些模板的格式，快速地完成文稿的写作。样式为统一文档的一种格式方法，也可以新建或修改原有的样式。利用模板和样式，可使写作文稿时有一个标准化的环境。

1．使用模板建立文档格式

模板是一种特殊的预先设置格式的文档，决定了文档的基本结构和文档格式设置。每个文档都是基于某个模板而建立的。可以根据文稿使用的目标，选用合适的模板，快速完成文档输入和编辑操作。Word 启动后，会自动新建一个空白文档，默认的文件名为"文档 1"，格式的样式是"正文"。空文档就如一张白纸一样，可以在里面随意输入和编辑。很多格式化的文稿模板是文档交流过程中已形成的固定的格式,因此 Word 提供了各种类型的模板和向导辅助用户创建各种类型的文件。

打开 Word 2013 文档窗口,选择"文件"|"新建"命令,在打开的"新建"面板中,可以单击"书法字帖""蓝灰色求职信""服务发票(绿色渐变设计)"等 Word 2013 内置的模板创建文档(见图 3-29),还可以选择"报表设计""课程提纲"等在线模板。

图 3-29　"新建"面板

【例 3-1】 通过"模板"建立一份"蓝色求职信"式的文档。具体操作步骤如下:

① 选择"文件"|"新建"命令,选中"蓝色求职信"模板,如图 3-30 所示。

② 选择"样本模板"选项,在"样本模板"中罗列出系统提供的 53 个模板文件,每选中一个模板,可在窗口的右上方预览该模板,本例选中"黑领结简历"模板,可在右上方预览到该模板,如图 3-31 所示。

③ 选择模板预览下方的"文档",单击"创建"按钮,即可出现已预设好背景、字符和段落格式的"黑领结简历模板"文档,如图 3-32 所示。

注意:在预览模板状态下,单击"主页"按钮可回到"新建"选项下进行重新选择。

图 3-30　选中"蓝色求职信"模板

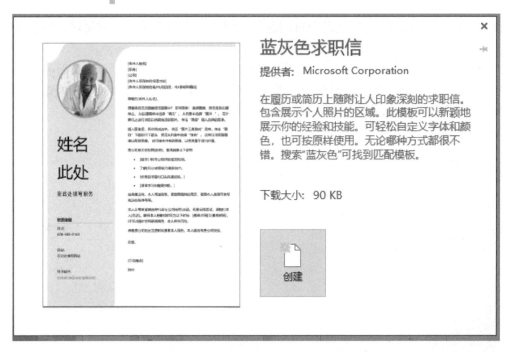

图 3-31　"黑领结简历"模板预览

图 3-32　模板应用示例

【例 3-2】利用"Office．com 模板"提供的"名片"模板制作名片，具体操作步骤如下：

① 选择"文件"|"新建"命令，在"Office．com 模板"选项组中单击"名片"按钮。

② 单击"用于打印"按钮，打开名片样式模板列表框。

③ 在名片样式模板列表框中选择"名片（横排）"样式，在窗口右侧即可预览效果，单击"下载"按钮，即可将名片样式下载到文档中。

④ 在对应位置输入相关内容，即可完成名片的制作，并且可以打印输出，如图 3-33 所示。

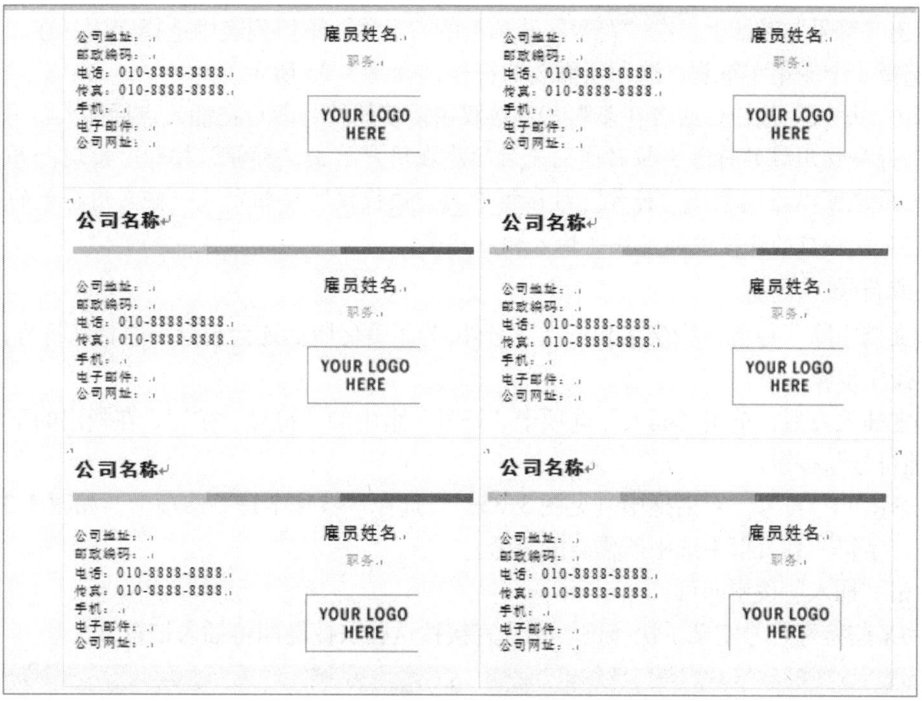

图 3-33　制作名片示例

2. 通过样式建立文档格式

样式是将一系列格式化设置方案整合成一个"格式化"命令的便捷操作方法。一个"样式"能一次性存储对某个类型的文档内容所做的所有格式化设置，包括字体、段落、边框和底纹等 7 组格式设置。实际上，Word 的默认样式是"正文""宋体""五号"。

样式可以对文档的组成部分，如标题（章、节、标题）、文本（正文）、脚注、页眉、页脚提供统一的设置，以便统一整篇文稿的风格。在决定输入一篇文稿前，如果预先选择好整个文稿的样式的设置，对统一和美化文稿、提高编辑速度和编辑质量都有实际的意义。

3.2.3　输入特殊符号

建立文档时，除了输入中文或英文外，还需要输入一些键盘上没有的特殊字符或图形符号，如数字符号、数字序号、单位符号和特殊符号、汉字的偏旁部首等。

1. 符号

有些符号不能从键盘直接输入，例如，要在文中插入符号"★"，其操作步骤如下：

① 确定插入点后，单击"插入"选项卡"符号"组中的"符号"按钮，可显示一些可以快速添加的符号按钮，如果包含需要的符号，直接选择该按钮即可完成操作；如果没有找到想要的符号，可单击最下边的"其他符号"按钮，如图 3-34 所示。

图 3-34　"符号"下拉列表

② 弹出"符号"对话框，在"符号"选项卡的"字体"下拉列表中选择字体，在"子集"下拉列表中选择一个专用字符集，选中所需要的符号，如图 3-35 所示。

③ 单击"插入"按钮，或者在步骤②直接双击需要的符号即可在插入点后插入符号。

注意：近期使用过的符号会按时间的先后顺序在用户单击"符号"按钮时出现，并且随时更新；另外，用户可以通过单击"符号"对话框中的"快捷键"按钮定义一些常用符号的快捷键，定义后只需要按相应的快捷键即可快速输入相应符号。

2. 特殊符号

通常，文档中除了包含一些汉字和标点符号外，为了美化版面还会包含一些特殊符号，如®TM、§等。具体操作步骤如下：

① 确定插入点后，单击"插入"选项卡"符号"组中的"符号"按钮，在弹出的下拉列表中单击"其他符号"按钮。

② 在弹出的"符号"对话框中（见图 3-35），选择"特殊字符"选项卡，如图 3-36 所示。

③ 在"字符"列表框中选中所需要的符号。

④ 单击"插入"按钮即可。

系统为某些特殊符号定义了快捷键，用户直接按这些快捷键即可插入该符号。

图 3-35 "符号"对话框　　　　　图 3-36 "特殊字符"选项卡

3.2.4　输入项目符号和编号

在描述并列或有层次性的文档时需要用到项目符号和编号，它可以使文档的层次分明，更有条理性，便于人们阅读和理解。Word 2013 提供了项目符号和编号功能，可以使用"项目符号"和"编号"按钮去设置项目符号、编号和多级符号。

1. 自动创建项目符号和编号

方法 1：在输入文本前，先输入数字或字母，如"1""（一）""a)"等，后跟一个空格或制表符，然后输入文本。按 Enter 键时，Word 自动将该段转换为编号列表。

方法2：在输入文本前，先输入一个星号或一个连字符后跟一个空格或一个制表符，然后输入文本。按 Enter 键时，Word 自动将该段转换为项目符号列表。

每次按 Enter 键后，都能得到一个新的项目符号或编号。如果到达某一行后不需要该行带有项目符号或编号，可连续按两次 Enter 键，或选中该段落右击，在弹出的快捷菜单选择"项目符号"命令。

2.　添加项目符号

用户可以选择添加项目符号，在文档中添加项目符号的步骤如下：

① 选中要添加项目符号的文本（通常是若干个段落）。

② 单击"开始"选项卡"段落"组中的"项目符号"下拉按钮，会弹出下拉列表，如图 3-37 所示。该列表列出了最近使用过的项目符号，如果这里没有需要的项目符号，单击该列表下方的"定义新项目符号"按钮。

③ 弹出"定义新编号格式"对话框，如图 3-38 所示，单击"符号"按钮，弹出"符号"对话框，如图 3-39 所示。

④ 在"符号"对话框选择好某个字体集合，如"Windings"，这里选择一个时钟符号 🕐 作为项目符号。

⑤ 单击"确定"按钮，返回"定义新编号格式"对话框，此时预览框中的项目符号是步骤④所选择的时钟符号。

⑥ 单击"确定"按钮，在选中的　每个文档段落前将会插入 🕐 项目符号，如图 3-40 所示。

图 3-37　"项目符号"下拉列表

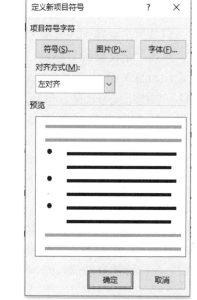

图 3-38　"定义新编号格式"对话框

3.　更改项自符号

项目符号设置后还可以进行更改，例如，将图 3-40 的项目符号改为笑脸，具体步骤如下：

图 3-39 "符号"对话框　　　　　　　　　图 3-40 添加项目符号示例

① 选中要更改项目符号的段落。

② 重复上面添加项目符号步骤③～⑥，但注意在步骤④中必须选取新的项目符号为笑脸。

注意：在步骤③中，如图 3-38 所示，单击"图片"按钮，可以在弹出的"图片项目"对话框中选择 Office 提供的图标作为项目符号；也可单击"导入"按钮，导入本地磁盘中的图片作为项目符号。另外，用户还可利用快捷菜单打开"项目符号"下拉列表，只需要在选中文本处后右击即可。

4. 添加编号

编号是按照大小顺序为文档中的行或段落添加编号。添加编号与添加项目符号的操作很类似，这里不再赘述，只是用户要特别注意编号的格式。可以单击"段落"组中的"编号"下拉按钮，弹出下拉列表，单击"定义新编号格式"按钮，在"定义新编号格式"对话框中进行指定格式和对齐方式的设置，如图 3-41 所示。

Word 提供了智能化编号功能。例如，在输入文本前，输入数字或字母，如"1""（一）""a）"等格式的字符，后跟一个空格或制表符，然后输入文本。当按 Enter 键时，Word 会自动添加编号到文字的前端。同样，在输入文本前，若输入一个星号后跟一个空格或制表符（即 Tab 键），然后输入文本，并按 Enter 键，则会自动将星号转换成黑色圆点"●"的项目符号添加到段前。如果是两个连字号后跟空格，则会出现黑色方点符是"■"。

按 Enter 键，下一行能自动插入同一项目符号或下一个序号编号。

若要结束编号，方法有两种，一是连续按 Enter 键，二是按住 Shift 键的同时，按 Enter 键。

5. 添加多级列表

多级列表可以清晰地表明各层次之间的关系。

图 3-41 "定义新编号格式"对话框

【例 3-3】设置多级符号。设置二级符号编号,编号样式为 1、2、3,起始编号为 1。一级编号的对齐位置是 0 cm,文字位置的制表位置是 0.7 cm,缩进位置是 0.7 cm。二级编号的对齐位置是 0.75 cm,文字位置的制表位置是 1.75 cm,缩进位置是 1.75 cm。

① 单击"开始"选项卡"段落"组中的"多级列表"按钮,然后在弹出的"多级列表"下拉列表中单击"定义新多级列表"按钮。

② 在"定义新多级列表"对话框中,单击左下方的"更多"按钮,展开对话框。

③ 对一级编号进行设置。在"单击要修改的级别"列表框中选择"1",在"此级别的编号样式"下拉列表中选择"1,2,3,…",在"起始编号"下拉列表中选择"1",在"输入编号的格式"栏中的"1"前加一个"第",后面加一个"章"字。此时,"输入编号的格式"文本框中应该是"第 1 章"。在位置的编号对齐位置输入 0 cm;文本缩进位置输入 0.7 cm,选中制表位添加位置复选框,在文字位置的制表位置输入 0.7 cm。

④ 对二级编号进行设置,设置过程如图 3-42 所示。在"单击要修改的级别"列表框中选择"2",在"此级别的编号样式"下拉列表中选择"1,2,3,…",在"起始编号"下拉列表中选择"1",此时"输入编号的格式"栏中应该是"1.1"。在编号位置的"对齐位置"输入 0.75 cm;选中"制表位添加位置"复选框,在文字位置的制表位置输入 1.75 cm;在"文本缩进位置"输入 1.75 cm。如要编辑三级编号,依照二级编号的设置方法进行设置。这时依次按 Enter 键后,下一行的编号级别和上一段的编号同级,只有按 Tab 键才能使当前行成为上一行的下级编号;若要让当前行编号成为上一级编号,则要按 Shift＋Tab 组合键。最终效果如图 3-43 所示。

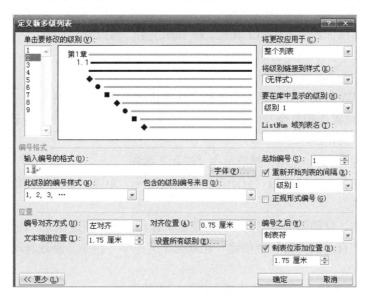

图 3-42　定义新多级列表

3.2.5　字符快速输入

可以使用"自动更正""剪贴板"或"自动图文集"实现字符快速输入。利用"自动更正"或"自动图文集"能够自动快速插入一些长文本、图像和符号。使用"自动更正"功能还可以自动检查并更正输入错误、误拼的单词，语法或大小写错误。如输入"offce"及空格，系统会自动更正为"office"。

若要添加在键入特定字符集时自动插入的文本条目，可以使用"自动更正"对话框，操作步骤如下：

① 选择"文件"|"选项"命令。

② 在弹出的"Word 选项"对话框中选择"校对"选项卡。

③ 单击"自动更正选项"按钮，然后选择"自动更正"选项卡。

④ 选中"键入时自动替换"复选框（如果尚未选中）。在"替换"文本框中输入"bjzx"，在"替换为"文本框中输入"北京第十五中学"。

⑤ 单击"添加"按钮，如图 3-44 所示。

此时若在文档编辑区输入"bjzx"，系统会自动替换成"北京第十五中学"。这种自动更正功能可以提高用户录入一些

比较复杂且录入频率又高的文本或符号的效率，也可以作为更正全篇文档多处存在相同的某个错误录入字符或词组的简单方法。

```
第1章    职业生涯规划八条原则
   1.1    利益整合原则。
   1.2    公平、公开原则
   1.3    协作进行原则
   1.4    动态目标原则
   1.5    时间梯度原则
   1.6    发展创新原则
   1.7    全程推动原则
第2章    助你面试成功的六大礼仪
   1.1    时间观念是第一道题
   1.2    进入面试单位的第一形象
   1.3    等待面试时表现不容忽视
   1.4    把握进屋时机
   1.5    专业化的握手
   1.6    无声胜有声的形体语言
```

图 3-43　设置多级符号

1）创建和使用自动图文集词条

在 Word 2013 中，可在自动图文集库中添加"自动图文集"词条。若要从库中添加自动图文集，用户需要将该库添加到快速访问工具栏。添加库之后，可以新建词条，并将 Word 2003/2007 中的词条迁移至此库中。向快速访问工具栏添加自动图文集步骤如下：

① 选择"文件"|"选项"命令。

② 在弹出的"Word 选项"对话框中选择"快速访问工具栏"选项卡。

③ 在"从下列位置选择命令"下拉列表中，选择"所有命令"选项。滚动下拉列表框，直到看到"自动图文集"为止。

④ 选择"自动图文集"选项，然后单击"添加"按钮。

此时快速访问工具栏中将显示"自动图文集"按钮。单击"自动图文集"按钮可以从自动图文集库中选择词条。

在 Word 2013 中，自动图文集词条作为构建基块存储。若要新建词条，使用"新建构建基块"对话框即可。如在"自动图文集"中创建"北京第十五中学"词条。新建自动图文集词条的方法如下：

① 在屏幕上空白处输入"北京第十五中学"后将其选中。

② 在快速访问工具栏中单击"自动图文集"按钮。

③ 单击"将所选内容保存到自动图文集库"按钮，会弹出"新建构建基块"对话框，如图 3-45 所示。

④ 单击"确定"按钮。

添加词条后，用户如果需要输入"北京第十五中学"，只要在屏幕输入"北京"两字即可在光标上方看到自动图文集词条的提示，这时按 Enter 键，该词条将自动输入在屏幕上。"自动图文集"除了可以存储文字外，最能节省时间的地方在于可以存储表格、剪贴板，其操作与上述方法相同。

图 3-44　"自动更正"对话框　　　　　　图 3-45　"新建构建基块"对话框

Word 2003 自动图文集词条可以迁移至 Word 2013，通过执行下列操作之一，将 Normal11.dot 文件复制到 Word 启动文件夹：

① 如果计算机操作系统是 Windows 10，打开 Windows 资源管理器，然后将 Normal11.dot 模板从 C:\Users\用户\AppData\Roaming\Microsoft\Templates 复制到 C:\Users\用户名\AppData\Roaming\Word\Startup 下。

② 如果计算机操作系统是 Windows Vista，打开 Windows 资源管理器，然后将 Normal11.dot 模板从 C:\Users\用户名\AppData\Roaming\Microsoft\Templates 复制到 C:\Users\用户名\AppData\Roaming\Word\Startup 下。

Word 2007 自动图文集词条可以迁移至 Word 2013，方法很简单，在 OfficeWord 2007 中打开 Normal11.dot 模板，将该文件另存为 AutoText.dotx，在系统提示时，单击"继续"按钮。选择"文件"|"转换"命令，单击"确定"按钮即可。

2）用"剪贴板"快速输入

（1）Windows 剪贴板与 Office 剪贴板

"Windows 剪贴板"是 Windows 为其应用程序开辟的一块内存区域，用于程序间共享和交换信息。可以将文本、图像、文件等多种类型的内容放入剪贴板，但是 Windows 的剪贴板只能容纳一项内容，新内容将替换以前的旧内容。

（2）使用"Office 剪贴板"

要在同一时间反复输入一组长字符时，或者需要收集和粘贴多个项目，可以利用"开始"选项卡"剪贴板"组提供的剪贴板功能来完成。2013 版的"剪贴板"是 Office 通用的，若要多次输入"计算机应用基础"，可先将它复制到剪贴板上，需要时，单击该剪贴板选项，"计算机应用基础"则可粘贴到光标处。"Office 剪贴板"最多可容纳 24 个项目，当复制或剪切第 25 项内容时，原来的第 1 项复制或剪切的内容将被清除。

3.2.6 打印相同格式的简单文稿———邮件合并应用

在实际工作中，常常需要处理简单报表、信函、信封、通知、邀请信或明信片，这些文稿的主要特点是件数多（客户越多，需处理的文稿越多），内容和格式简单或大致相同，有的只是姓名或地址不同，有的可能是其中数据不同。这种格式雷同的、能套打的批处理文稿操作，利用 Word 中的"邮件合并"功能就能轻松实现。

这里需要说明的是，"邮件合并"并不是真正两个"邮件"合并的操作。"邮件合并"合并的两个文档，一个是设计好的样板文档"主文档"，主文档中包括了要重复出现在套用信函、"邮件"选项卡、信封或分类中的固定不变的通用信息；另一个是可以替代"标准"文档中的某些字符所形成的数据源文件，这个数据源文件可以是已有的电子表格、数据库或文本文件，也可以是直接在 Word 中创建的表格。

【例 3-4】请分别建立图 3-46 和图 3-47 所示的主文档和数据源，利用"邮件合并"功能生成邀请函，分发给各位嘉宾。将通讯录中的编号、姓名列出在邀请函中，生成的邮件合并文档命名为"邀请函"。

图 3-46 "主文档"文件　　　　　　图 3-47 数据源 Excel 文件"通讯录"

① 设置页面纸张。切换到"页面布局"选项卡，设置"纸张"的宽度为 21 cm，高度为 13 cm。本例按照信函格式设置纸张大小，节省纸张，便于打印。

② 创建一个样板文档"主文档"。创建的内容如图 3-46 所示。创建一个数据源文件，本例是 Excel 文档"通讯录"，内容如图 3-47 所示。

③ 关闭数据源文档，打开"主文档"，单击"邮件"选项卡"开始邮件合并"组中的"开始邮件合并"→"信函"按钮。

④ 单击"邮件"选项卡"开始邮件合并"组中的"选择收件人"→"使用现有列表"按钮，弹出"选取数据源"对话框，如图 3-48 所示。

⑤ 在图 3-48 中选中"通讯录.xlsx"后双击，系统返回主文档。

图 3-48 "选取数据源"对话框

⑥ 此时单击"邮件"选项卡"开始邮件合并"组中的"编辑收件人列表"按钮，弹出"邮件合并收件人"对话框，如图 3-49 所示，弹出"确定"按钮。

图 3-49 "邮件合并收件人"对话框

⑦ 此时单击"邮件"选项卡中的"插入合并域"下拉按钮，弹出下拉列表，如图 3-50 所示。

⑧ 现在可以以域的形式将 Excel 工作表中的字段插入到指定的文档位置当中。例如，在编号处可以插入编号域，在名称处直接插入姓名域。为了表示对客户的尊重，希望在姓名字段添上相

应的称谓，如先生或女士，虽然 Excel 并未提供称谓字段，但可以通过邮件合并的规则将性别字段转换为相应的称谓。

⑨ 单击"规则"按钮，在打开的下拉列表中选择"如果、那么、否则"，弹出图 3-51 所示的对话框。将域名选择为"性别"，在"比较对象"文本框中输入所要比较的信息，在下方的两个文本框中依次输入"先生"和"女士"，通过该对话框可以很容易地了解到如果当前人员的性别为男，则在其姓名后方插入文字"先生"，否则插入文字"女士"，通过规则的设定，可以非常巧妙地将性别字段转换为称谓，从而满足当前需求。可以预览结果验证其正确性。在"预览结果"选项组中单击"预览结果"按钮，发现无误后单击"邮件"选项卡"完成"组中的"完成并合并"按钮，在弹出的对话框中单击"编辑单个文档"按钮，会弹出"合并到新文档"对话框。插入合并域后的主文档如图 3-52 所示。

图 3-50　"插入合并域"下拉列表

图 3-51　"插入 Word 域:IF"对话框

⑩　"合并到新文档"对话框默认选项是选择"全部"的记录合并到新文档，单击"确定"按钮，可以生成合并文档，将该文档命名为"邀请函.docx"。图 3-53 所示是邮件合并文档第一页的内容。

图 3-52　插入合并域后的主文档

图 3-53　邮件合并文档第一页的内容

3.2.7　编辑对象的选定

在文档的编辑操作中需要选择相应的文本之后，才能对其进行删除、复制、移动或编辑等操作。文本被选择后将呈反白显示，Word 提供多种选择文本的方法，下面介绍使用鼠标的选择方法。

1. 拖动选择

把插入点光标"I"移至要选择部分的开始处，按住鼠标左键一直拖动到选择部分的末端，然后释放鼠标左键。该方法可以选择任何长度的文本块，甚至整个文档。

2. 对字词的选择

把插入光标放在某个汉字（或英文单词）上，双击，则该文字词被选择，如图3-54所示。

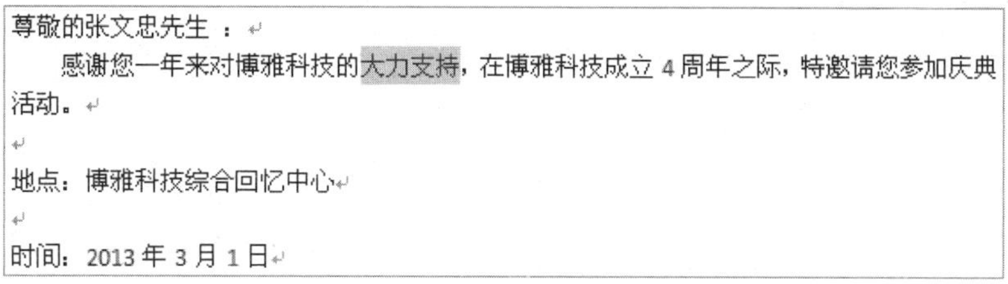
尊敬的张文忠先生：

感谢您一年来对博雅科技的大力支持，在博雅科技成立4周年之际，特邀请您参加庆典活动。

地点：博雅科技综合回忆中心

时间：2013年3月1日

图3-54　字词的选择

3. 对句子的选择

按住Ctrl键并单击句子中的任何位置即可。

4. 对一行的选择

光标放置于这一行的选定栏（该行的左边界），单击即可。

5. 对多行的选择

选择一行，然后在选定栏中向上或向下拖动。

6. 对段落的选择

双击段落左边的选定栏，或三击段落中的任何位置。

7. 对整个文档的选择

将光标移到选定栏，鼠标指针变成一个向右指的箭头，然后三击。

8. 对任意部分的快速选择

单击要选择的文本的开始位置，按住Shift键，然后单击要选择的文本的结束位置。

9. 对矩形文本块的选择

把插入光标置于要选择文本的左上角，然后按住Alt键和鼠标左键，拖动到文本块的右下角，即可选择一块矩形的文本。

3.2.8　查找与替换

编辑好一篇文档后，往往要对其进行核校和订正，如果文档有错误，使用Word的查找或替换功能，可非常便捷地完成编辑工作。

查找功能可以在文稿中找到所需要的字符及其格式。

替换功能不但可以替换字符，还可以替换字符的格式。在编辑中还可以用替换功能更换特殊符号。利用替换功能可以批量地快速输入重复的文稿。

在查找或替换操作时，请了解“查找和替换”对话框中“搜索选项”的各个选项，以免在查找或替换操作时得不到需要的结果。“搜索选项”中的选项含义如表3-1所示。

查找或替换除了对普通字符操作之外，还可以对“格式”和“特殊符号”进行查找或替换操作，这些特殊符号类别如图3-55所示。而“格式”包括“字体”“段落”“制表位”“语言”“图文框”“样式”“突出显示”，如图3-56所示。也就是说，除了对字符进行查找或替换外，还可以对上述“格式”进行查找或替换操作。

表 3-1　"搜索选项"选项含义

操 作 选 项	操 作 含 义
全部	操作对象是全篇文档
向上	操作对象是插入点到文档的开头
向下	操作对象是插入点到文档的结尾
区分大小写	查找或替换字母时需要区分字母的大小写的文本
全字匹配	在查找中，只有完整的词才能被找到
使用通配符	可以使用通配符，如"?"代表任一个字符
区分全角／半角	查找或替换时，所有字符要区分全角或半角才符合要求
忽略空格	查找或替换时，有空格的词将被忽略

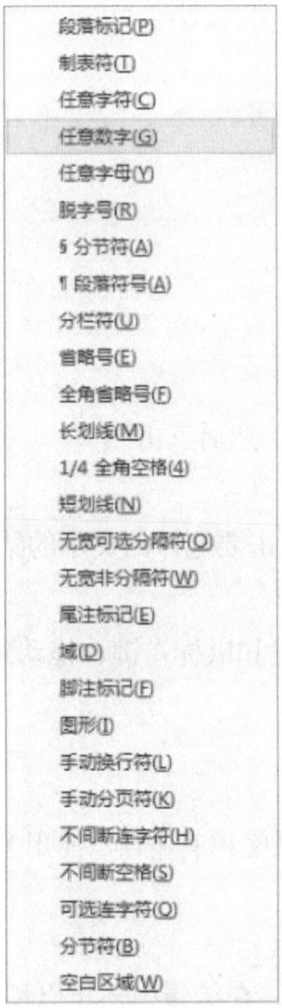

段落标记(P)
制表符(T)
任意字符(C)
任意数字(G)
任意字母(Y)
脱字号(R)
§ 分节符(A)
¶ 段落符号(A)
分栏符(U)
省略号(E)
全角省略号(F)
长划线(M)
1/4 全角空格(4)
短划线(N)
无宽可选分隔符(O)
无宽非分隔符(W)
尾注标记(E)
域(D)
脚注标记(F)
图形(I)
手动换行符(L)
手动分页符(K)
不间断字符(H)
不间断空格(S)
可选连字符(O)
分节符(B)
空白区域(W)

字体(F)…
段落(P)…
制表位(T)…
语言(L)…
图文框(M)…
样式(S)…
突出显示(H)

图 3-55　查找和替换的"特殊符号" 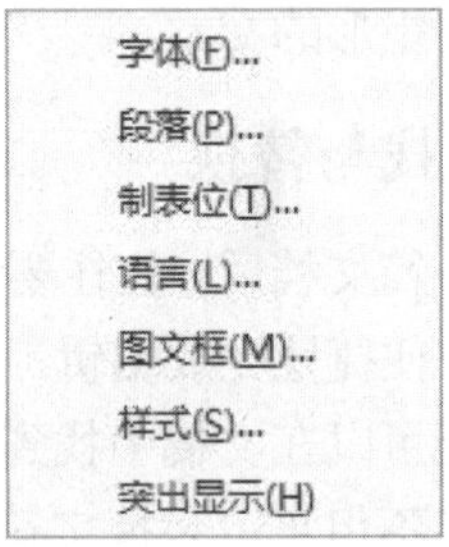　　　　图 3-56　"格式"类别

【例 3-5】请在文稿中查找"计算机"3 个字。

① 在文档的查找操作中，通常是查找其中的字符。单击"开始"选项卡"编辑"组中的"替换"按钮；或者单击状态栏左端的"页面"，两种方法都可以弹出"查找和替换"对话框。

② 在"查找和替换"对话框的"查找内容"文本框中，输入要查找的字符"计算机"，如图 3-57 所示。

③ 单击"查找下一处"按钮，如果查找到，则光标以反白显示，继续单击"查找下一处"按钮，直至查找完成，如图 3-58 所示。

图 3-57 "查找和替换"对话框

【例 3-6】将文稿中格式为"（中文）宋体"的"计算机"3 个字符，格式替换为字体"（中文）华文彩云"、字号"四号"、字形"加粗"、字体颜色"深红"。

图 3-58 查找完成

① 单击"开始"选项卡"编辑"组中的"替换"按钮；或者单击状态栏左端的"页面"，在弹出的"查找和替换"对话框的"查找内容"文本框中，输入要替换格式的文字"计算机"，单击"格式"按钮，并设置字符原格式（本例是"宋体"），如图 3-59 所示。

② "替换为"文本框中，输入要替换的文字"计算机"，在"格式"下拉列表中单击"字体"按钮，弹出"字体"对话框，选择字体为"华文彩云"，字号"四号"、字体颜色为"深红"，字形为"加粗"，如图 3-60 所示，单击"确定"按钮。

图 3-59 设置被"替换"的格式

图 3-60　设置"替换为"的格式

③ 在弹出的"查找和替换"对话框中，单击"全部替换"按钮。文档替换前与替换后的结果如图 3-61 所示。

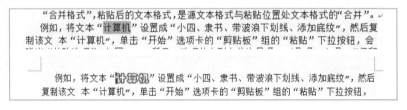

图 3-61　替换格式前后的效果

3.2.9　文档的复制和粘贴

1. 文档复制

复制是文档编辑中最常用的操作之一。对于文档中重复出现的内容或相同的格式，不必一次次地重复输入或格式化，可以采用复制操作完成。复制操作有 3 种方法，如使用菜单或工具、用格式刷和使用样式。3 种复制方式的操作和效果如表 3-2 所示。

【例 3-7】使用 Word 的"格式刷"按钮，将图 3-62 所示文稿的标题格式复制到正文中。

① 选择已设置好格式的段落或文本，如图 3-62 所示的标题"职业生涯规划八条原则"。

② 单击"开始"选项卡"剪贴板"组中的"格式刷"按钮，选中文字，按住鼠标左键拖动，如图 3-63 所示。

表 3-2　复制操作一览表

复制工具	复制效果	适合操作范围	实际操作
"复制" "粘贴"菜单或工具	复制字符、图片、文本框或插入对象在内的全部字符、图片、文本框或插入对象和格式	文本和插入对象的复制	选中复制对象，移动光标到目标处或选中要覆盖的对象后，进行粘贴操作
格式刷	只复制被选中对象的全部"格式"，如字符、段落和底纹的格式，不复制被选中的内容	字符和段落格式的复制	选中复制对象，单击"格式刷"按钮后，按住鼠标的左键拖动全部目标文档
样式	把选中的样式的全部格式复制到被选中的操作对象	文稿的标题、章节标题和段落的格式统一定义	光标置于被格式段落后，单击合适的样式项

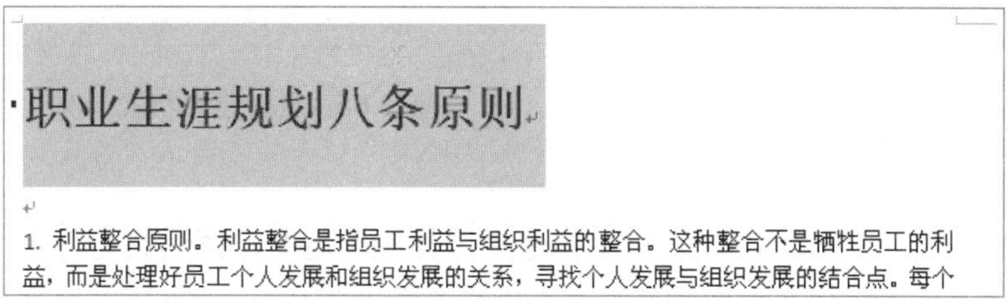

图 3-62　选择要复制的格式

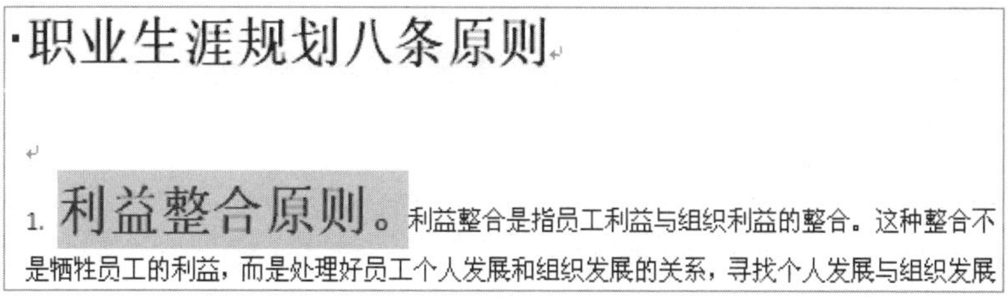

图 3-63　使用格式刷复制格式

③ 按住鼠标左键选择要复制格式的段落，然后释放鼠标左键。

需要注意的是，单击"格式刷"按钮，可以将选择的格式复制一次，双击"格式刷"按钮，用户可以将选择格式复制到多个位置。再次单击格式刷或按 Esc 键即可关闭格式刷。

2. 粘贴

在粘贴文档的过程中，有时希望粘贴后的文稿的格式有所不同，在 Word 2013 "开始"选项卡"剪贴板"组中的"粘贴"下拉按钮，提供了 3 种粘贴选项："保留源格式""合并格式""只保留文本"（见图 3-64），这 3 个选项的功能如下：

① 保留源格式：粘贴后仍然保留源文本的格式。

② 只保留文本：粘贴后的文本和粘贴位置处的文本格式一致。

③ 合并格式：粘贴后的文本格式，是源文本格式与粘贴位置处文本格式的"合并"。

例如，将文本"计算机"设置成"小四、隶书、带波浪下画线、添加底纹"，然后复制该文本"计算机"，在其他处右击，在弹出的快捷菜单中有"粘贴选项"，选项从左到右依次是"保留源格式""合并文本""只保留文本"。复制上述文本"计算机"后，分别选择这 3 个粘贴选项粘贴到文本的不同位置，粘贴效果如图 3-65 所示。

如图 3-64 所示，除了 3 种粘贴选项外，Word 还提供了"选择性粘贴"和"设置默认粘贴"选项。选择性粘贴有很多用途，下面介绍其两种常用功能。

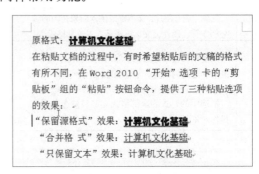

图 3-64 "粘贴"下拉列表　　　　图 3-65 几种粘贴格式示例

（1）将文本粘贴成图片

选中源文本，右击，在弹出的快捷菜单中选择"复制"命令，然后将光标定位到目标位置，单击"开始"选项卡"剪贴板"组中的"粘贴"下拉按钮，弹出图 3-64 的"粘贴选项"菜单，选择"选择性粘贴"命令，弹出"选择性粘贴"对话框，如图 3-66 所示。选择一种图片格式，如"图片（增强型图元文件）文件"，单击"确定"按钮即可。

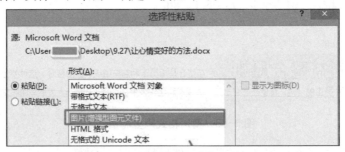

图 3-66 "选择性粘贴"对话框

（2）复制网页上的文本

网页使用格式较多，采取直接复制、粘贴的方法。将网页上的文本粘贴到 Word 文档中，常常由于带有其他格式，编辑处理起来比较困难。通过选择性粘贴，可将其粘贴成文本格式。

在网页中，选中文本，复制，切换到 Word 2013 文档窗口，定位好光标，打开"选择性粘贴"对话框，如图 3-66 所示，选择"无格式的 Unicode 文本"命令，单击"确定"按钮即可。

3.2.10 分栏操作

分栏就是将文档分隔成两三个相对独立的部分，如图 3-67 所示。利用 Word 的分栏功能，可以实现类似报纸或刊物、公告栏、新闻栏等的排版方式，既可美化页面，又可方便阅读。

1. 在文档中分栏

① 选择要设置分栏的段落，或将光标置于要分栏的段落中。

② 选择"页面布局"选项卡，单击"页面设置"组中的"分栏"按钮。

③ 在"分栏"下拉列表中，可设置常用的一、二、三栏及偏左、偏右格局；如果有进一步的设置要求，可单击"更多分栏"按钮，弹出"分栏"对话框，如图 3-68 所示。

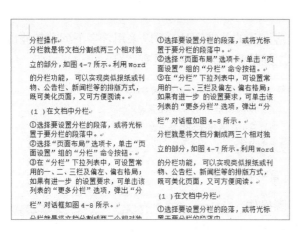

图 3-67　"分栏"示例　　　　图 3-68　"分栏"对话框

2. 在文本框中分栏

在编辑文档时，有时由于版面的要求需要用文本框来实现分栏的效果，虽然 Word 不支持文本框的分栏操作，但可以通过在文档中插入多个文本框，设置文本框的链接，实现分栏效果。用文本框分栏的好处是，先以文本框定好分栏位置，再用文档复制的方式，把文稿粘贴到文本框内。若以两个文本框链接，分成左右两栏，可按如下步骤操作：

① 单击"插入"选项卡"插图"组中的"形状"下拉按钮，选择横排文本框，在文档中插入两个横排的文本框。

② 在第一个文本框中输入文字，文字部分有时会超出这个文本框的范围，如图 3-69 所示。

③ 选中第一个文本框，在增加的"绘图工具 1 格式"选项卡中，单击"文本"组中的"创建链接"按钮。

④ 再将鼠标指针移到第二个文本框中，指针变成 形状时单击，此时第一个文本框中不能显示的文字就会自动移动到第二个文本框中，结果如图 3-70 所示。图 3-70 是文本框链接后的效果样式。

最后，还可以通过取消文本框的边框线，产生如同"分栏"命令一样的文档分栏效果。

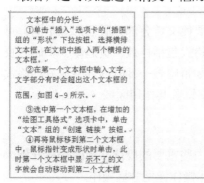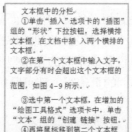

图 3-69　两个文本框链接前的效果　　　　图 3-70　文本框链接后的效果

3.2.11 首字（悬挂）下沉操作

首字下沉或悬挂就是把段落第一个字符进行放大，以引起读者注意，并美化文档的版面，如图 3-71 所示。

当用户希望强调某一段落或强调出现在段落开头的关键词时，可以采用首字下沉或悬挂设置。首字悬挂操作的结果是段落的第一个字与段落之间是悬空的，下面没有字符。

> **首**字下沉或悬挂就是把段落第一个字符进行放大，以引起读者注意，并美化文档的版面样式，如图 4-11 所示。当用户希望强调某一段落或强调出现在段落开头的关键词时，可以采用首字 下沉或悬挂设置。首字悬挂操作的结果是段落的第一个字与段落之间是悬空的，下面没有字符。

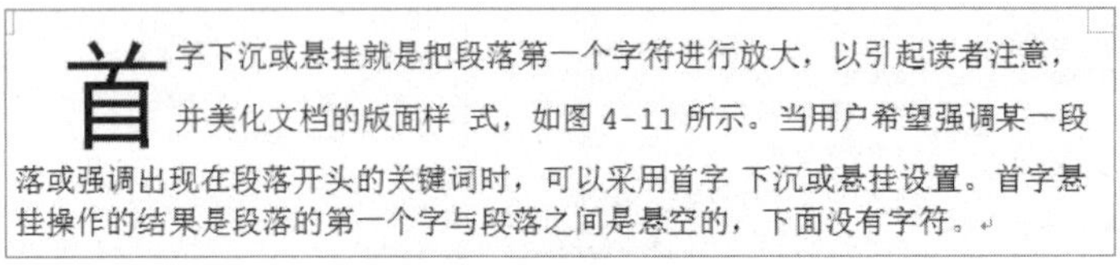

图 3-71 首字下沉示例

设置段落的首字下沉或悬挂，可按如下步骤操作：

① 选择要设置首字下沉的段落，或将光标置于要首字下沉的段落中。

② 单击"插入"选项卡"文本"组中的"首字下沉"下拉按钮。

③ 在"首字下沉"下拉列表中提供了"无""下沉""悬挂"3 种选择，如果有进一步的设置要求，单击该列表的最后一项"首字下沉选项"按钮，弹出"首字下沉"对话框，进行设置即可，如图 3-72 所示。

若要取消首字下沉，可在"首字下沉"对话框中的"位置"选项区域中选择"无"选项。

图 3-72 "首字下沉"对话框

3.2.12 分节和分页

在 Word 编辑中，经常要对正在编辑的文稿进行分开隔离处理，如因章节的设立而另起一页，这时需要使用分隔符。常用的分隔符有 3 种：分页符、分栏符、分节符。

分页符：是将文档从插入分页符的位置强制分页。在文档中插入分页符，表明一页结束而另一页开始。

分节符：在一节中设置相对独立的格式而插入的标记。要使文档各部分版面形态不同，可以把文档分成若干节。对每个节可设置单独的编排格式。节的格式包括栏数、页边距、页码、页眉和页脚等。例如，将两页设置成不同的艺术型页面边框，又如希望将一部分内容变成分栏格式的排版，另一部分设置为不同的页边距，都可以用分节的方式来设置其作用区域。

3.2.13 分栏符

分栏符是一种将文字分栏排列的页面格式符号。为了将一些重要的段落从新的一栏开始，插入一个分栏符就可以把在分栏符之后的内容移至另一栏，具体操作详见分栏操作。

在文档中插入分隔符，可按如下步骤操作：

① 将光标定位于需要插入分隔符的位置。

② 单击"页面布局"选项卡"页面设置"组中的"分隔符"按钮。

③ 在弹出的"分页符"下拉列表中，可选择分隔符或分节符类型，如图 3-73 所示。

3.2.14 修订的应用

文档完成输入以后，往往需要对文稿进行编辑修改，Word 的修订和批注功能可以完成此项工作。

Word 的"修订"工具能把文档中每一处的修改位置标注起来，可以让文档的初始内容得以保留。同时，也能够标记由多位审阅者对文档所做的修改，让作者轻易地跟踪文档被修改的情况。修订完成后，可由作者决定修订标记是否继续保存，或只保留最终修订的结果。

1. 对文稿进行修订

① 打开"修订"操作功能：单击"审阅"选项卡"修订"组中的"修订"按钮，即可使文档处于修订状态，这时对文档的所有操作将被记录下来，单击"保存"按钮可将所有的修订保存下来。

② 设置"修订"选项。单击"审阅"选项卡"修订"组中的"修订"下拉按钮，在弹出的下拉列表中单击"修订选项"按钮，弹出"修订选项"对话框，可分别对插入、删除、更改格式和修订行设置不同的颜色以示区别，如图 3-74 所示。

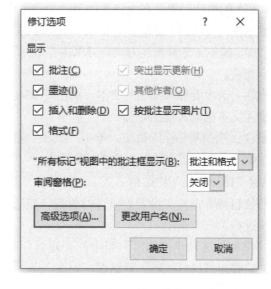

图 3-73 "分隔符"下拉列表   图 3-74 "修订选项"对话框

③ 在修订操作中有 4 种不同的显示方式，如图 3-75 所示。选择其中之一的选项，在文稿修订过程中将显示该选项的修订显示状态。

"最终：显示标记"：显示标记的最终状态，在文稿中显示已修改完成的，带有修订标记的文稿。

"最终状态"：显示已完成修订编辑的，不带标记的文稿。

"原始：显示标记"：显示标记的原始状态，即显示带有修订标记的，有原始文稿状态的文稿。

图 3-75 修订显示方式

"原始状态"：显示还没有做过任何修订编辑的，不带标记的原文稿。

④ 关闭"修订"。选择"审阅"选项卡，再次单击"修订"组中的"修订"按钮即可。关闭修订时，用户可以修订文档而不会对更改的内容做出标记。关闭修订功能不会删除任何已被跟踪的更改。

⑤ 使用状态栏的"修订"按钮来打开和关闭修订。如果发现状态栏中没有相关的按钮，可以自定义状态栏，添加一个用来告知修订是打开状态还是关闭状态的指示器。

在状态栏上右击，在弹出的快捷菜单选择"修订"命令，此时该命令左边复选框处于选中状态，状态栏上也添加了"修订"按钮。

在打开修订功能的情况下，可以查看在文档中所做的所有更改。在关闭修订功能时，可以对文档进行任何更改，而不会对更改的内容做出标记。单击状态栏中的"修订"按钮可在打开修订与关闭修订两种状态间轻松切换。

2. 插入与删除"批注"

"批注"是审阅添加到独立的批注窗口中的文档注释或者注解，当审阅者只是评论文档，而不直接修改文档时要插入批注，因为批注并不影响文档的内容。批注是隐藏的文字，Word 会为每个批注自动赋于不重复的编号和名称。

Word 2013 的默认设置是在文档页边距的批注框中显示删除内容和批注。用户也可以更改为以内嵌方式显示批注并将所有删除内容显示为带删除线，而不是显示在批注框中。

Word 2013 提供了 3 种批注方式，可单击"审阅"选项卡"修订"组中的"显示标记"→"批注框"命令查看。

插入批注：选中要插入批注的文本，单击"审阅"选项卡"批注"组中的"新建批注"按钮，在出现的批注文本框输入批注即可。

删除批注：选中要删除的批注，单击"批注"组中的"删除"按钮即可。如果要一次将文档的所有批注删除，单击"批注"组中的"删除"→"删除文档中的所有批注"按钮即可。

3. 设置"修订选项"对话框

在进行修订操作前应先设置好修订的样式，然后再进行修订。设置修订样式可通过"修订选项"对话框进行。

单击"审阅"选项卡"修订"组中的"修订"下拉按钮，在弹出的下拉列表中单击"修订选项"按钮，弹出"修订选项"对话框，如图 3-74 所示，对各选项进行设置即可。

为了显示修订 4 个项目不同的标记，需要对修订中的插入、删除、更改格式和有修订的行和段落设置不同的颜色和不同的标记形式以示区别。如本例设置的插入内容的标记是单下画线，颜色是鲜绿色。

在批注栏中也需要对批注框，包括批注的颜色进行设置。设置后的修订效果如图 3-76 所示。

4. 设置"审阅"工具选项

如果需要在修订中显示插入、删除、更改格式、修订的行和批注的标记，必须单击"审阅"选项卡"修订"组中的"显示标记"下拉按钮，选中"批注""墨迹""插入和删除""设置格式""标记区域突出显示""审阅者"等复选框，如图 3-77 所示。

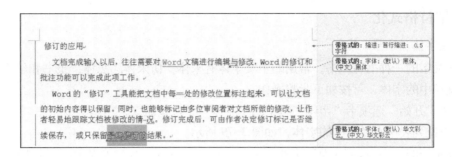

图 3-76　修订的显示效果

5. 接受或拒绝修订

文档进行修订后，可以决定是否接受这些修改。如果要确定修改的方案，只需在修改的文字上右击，在弹出的快捷菜单中选择"接受修订"命令即可，如图 3-78 所示。如果要删除修订，将光标放在需要删除修订的内容处，单击"审阅"选项卡"更改"组中的"拒绝"按钮即可。或者在需要删除修订的内容处右击，在弹出的快捷菜单中选择"拒绝修订"命令，如图 3-78 所示。

图 3-77　修订显示标记

图 3-78　选择"接受修订"命令

3.3　文档格式化

文稿在输入和编辑后，为美化版面效果，会对文字、段落、页面和插入的元素等，根据整体文稿的要求，进行必需的修饰，以求得到更好的视觉效果，这就是在 Word 中的各种格式化操作，包括字符格式化、段落格式化、页面格式化、插入元素的格式化等。格式化的操作涉及的设置很多，不同的设置会有不同的显示效果，希望读者在操作中多实践，从中体会格式化对文稿产生的不同效果。

字符格式化设置是通过"开始"选项卡"字体"组中的命令或"字体"对话框进行操作设置的。

3.3.1 字符格式化

1．设置字体、字号、字形

字体是文字的一种书写风格。常用的中文字体有宋体、仿宋体、黑体、隶书和幼圆等。

设置文档中的字体，可按如下步骤操作：

① 单击"开始"选项卡"字体"组中的"字体"下拉按钮。

② 在下拉列表中选择所需的字体，如图 3-79 所示。

字号即字符的大小。汉字字符的大小用初号、小二号、五号、八号等表示；字号也可以用"磅"的数值表示，1 磅等于 1/72 英寸。字号包括中文字号和数字字号，中文字号越大，字体越小；相反的，数字字号越大，字体越大。

设置文档中的字号，可按如下步骤操作：

① 单击"开始"选项卡"字体"组中的"字号"下拉按钮。

② 在下拉列表中选择所需的字号，如图 3-80 所示。

图 3-79　选择字体

图 3-80　选择字号

字形是指附加于字符的属性，包括粗体、斜体、下画线等。设置文档中的字形，可按如下步骤操作：

① 单击"开始"选项卡"字体"组中的"加粗""倾斜""下画线"等按钮，如图 3-81 所示。

② 单击 **B** 按钮为"加粗"、*I* 按钮为"倾斜"、U 按钮为加"下画线"。

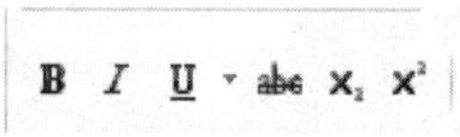

B *I* U ▾ abe X₂ X²

图 3-81　选择字形

2．字符颜色和缩放比

1）字符颜色

字符颜色是指字符的色彩。要选择字符的颜色，可以单击"字体"组中的"字体颜色"下拉按钮，弹出调色面板，选择某种颜色，如图 3-82 所示。

2）字符间距、缩放比例、字符位置

　　字符间距、缩放比例、字符位置的设置可通过"字体"对话框的"高级"选项卡进行，单击"字体"组的对话框启动器按钮，弹出"字体"对话框，如图 3-83 所示，选择"高级"选项卡，如图 3-84 所示，可以在此进行缩放比例、字符间距、字符位置的设置。

　　缩放比例是指字符的缩小与放大，其中"缩放"列表框用于设置字符的横向缩放比例，即将字符大小的宽度按比例加宽或缩窄。普通字符的宽高比是标准的（100%），若调整为 150%，则字符的宽度加大；若调整为 80%，则字符宽度变小。设置了某段字符的缩放比例后，新输入的文本都会使用这种比例，如果想使新输入的文本比例恢复正常，只需在"缩放"下拉列表中选择"100%"即可。

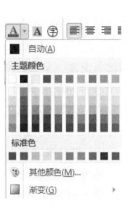

图 3-82　调色面板

图 3-83　"字体"对话框

图 3-84　"高级"选项卡

　　字符的缩放还可通过"开始"选项卡"段落"组中的"中文版式"按钮进行设置，单击该按钮，在弹出的下拉列表中单击"字符缩放"按钮，如图 3-85 所示，级联菜单列出了"200%""100%""33%"等缩放比例选项。如果这些比例都不能满足用户需求，可以单击最下方的"其他"按钮，在弹出的"字体"对话框进行设置，如图 3-83 所示。

　　"间距"下拉列表可以设置字符间距为标准、加宽或紧缩，右边的"磅值"文本框用于设置其加宽或紧缩的大小。

　　"位置"下拉列表可以设置字符的 3 种垂直位置：标准、提升或降低，提升或降低值可以通过右边的"磅值"输入框进行设置。

注意：Word 中经常用到"磅"这个单位，它是一个很小的量度单位，1 磅 = 1/72 in = 0.351 46 mm。但有时人们习惯用其他的一些单位进行量度，Word 为用户提供了自由的单位设置方法。如现在要设置"字符间距"中的"位置"为提升 3 mm，可以直接在"磅值"框中输入"3 毫米"或"3 mm"。在 Word 中的其他地方也可如此设置，还可以设置其他的单位，如厘米或 cm。

图 3-85　"中文版式"下拉列表

3. 带特殊效果的字符

将文档中的一个词、一个短语或一段文字设置为一些特殊效果，可以使其更加突出和引人注目，以强调或修饰字符效果的属性，如删除线、下画线、上下标等（如上、下标的效果分别是 S^2、A_3）。

这些属性有些可以在"开始"选项卡的"字体"组找到相应的命令按钮，在"字体"组找不到的属性，需要单击"字体"组的对话框启动器按钮，弹出"字体"对话框，在"字体"对话框进行设置。

在"字体"对话框中，还可以设置"西文字体""双删除线""隐藏"和"着重号"等。

4. 设置字符的艺术效果

设置文字的艺术效果是指更改字符的填充方式、更改字符的边框，或者为字符添加诸如阴影、映像、发光或三维旋转之类的效果，这样可以使文字更美观。

方法 1：通过"开始"选项卡设置。

① 选择要添加艺术效果的字符。

② 单击"开始"选项卡"字体"组中的"文本效果"按钮，弹出下拉列表，如图 3-86 所示，这里提供了 4×5 的艺术字选项，下方有"轮廓""阴影""映像"和"发光"等特殊文本效果菜单。

方法 2：通过"插入"选项卡设置。

① 选择要添加艺术效果的字符。

② 单击"插入"选项卡"文本"组中的"艺术字"按钮，弹出 6×5 的"艺术字"下拉列表，如图 3-87 所示。

图 3-86　"文本效果"下拉列表

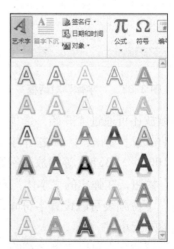

图 3-87　"艺术字"下拉列表

③ 选择一种艺术字样式后，窗口停留在"绘制工具|格式"选项卡下，用户可以利用"格式"选项卡下的命令按钮，进一步设置被选文字，如设置背景颜色。

这种方法与前一种方法不同的是，文字设置艺术效果后，变为一个整体，而前者设置后仍然是单个的字符。

3.3.2　段落格式化

文稿中的段落编辑在文稿编辑中占有较重要的地位，因为文稿是以页面的形式展示给读者阅读的，段落设置的好坏，对整个页面的设计有较大的影响。段落设置有对段落的文稿对齐方式的设置、中文习惯的段落首行首字符的位置的设置、每个段落之间的距离的设置、每个段落中每行之间的距离的设置等。

段落格式化是通过"开始"选项卡"段落"组中的命令按钮或"段落"对话框进行设置的。

1. 段落对齐方式设置

段落的对齐方式有以下几种：两端对齐、右对齐、居中对齐、分散对齐等，如图 3-88 所示，默认的对齐方式是两端对齐。要设置段落的对齐方式有两种方法。

方法 1：选择要进行设置的段落（可以多段），单击"开始"选项卡"段落"组中的相应按钮，如单击"左对齐""居中""右对齐""两端对齐"和"分散对齐"等。

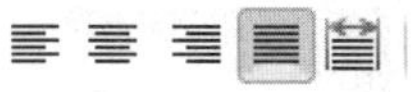

图 3-88　段落对齐方式

方法 2：单击"开始"选项卡"段落"组的对话框启动器按钮，在弹出的"段落"对话框中，可看到常规选项下的"对齐方式"下拉列表，选择"左对齐""居中""右对齐""两端对齐"和"分散对齐"中的一种对齐方式即可。

2. 缩进与间距

为了使版面更美观，在文档编辑时，还需要对段落进行缩进设置。

1）段落缩进

段落缩进是指段落文字与页边距之间的距离。它包括首行缩进、悬挂缩进、左缩进、右缩进4 种方式。段落缩进可使用标尺（见图 3-89）和"段落"对话框两种方法。使用标尺设置段落缩进是在页面中进行的，比较直观，但这种方法只能对缩进量进行粗略的设置。使用"段落"对话框则可以得到精确的设置。量度单位可以用厘米、磅、字符等。

2）行间距与段间距

一篇美观的文档，其版面的行与行之间的间距是很重要的。距离过大会使文档显得松垮，过小又显得密密麻麻，不易于阅读。

行间距和段间距分别是指文档中行与行、段与段之间的垂直距离。Word 的默认行距是单倍行距。间距的设置方法有两种。

"段前"或"段后"间距是指被选择段落与上、下段落间的距离，如图 3-90 所示，段落缩进设置完毕可在预览框预览效果。

方法 1：选中要设置间距的段落，单击"开始"选项卡"段落"组的对话框启动器按钮，在弹出的"段落"对话框中设置"行距"或"间距"。

方法2：选中要设置间距的段落，单击"开始"选项卡"段落"组中的"行和段落间距"按钮，在弹出的下拉列表中选择一种合适的间距值即可。

图3-89　使用标尺缩进段落

图3-90　"段落"对话框

3）中文版式

"中文版式"按钮 位于"开始"选项卡的"段落"组中，用于自定义中文或混合文字的版式。以图3-91为例，介绍设置中文版式的操作步骤：

① 在Word中输入图3-91所示的文字。

② 选中"明月"两个字符，单击"开始"选项卡"段落"组中的"中文版式"按钮，在弹出的"中文版式"下拉列表中单击"合并字符"按钮，弹出"合并字符"对话框，单击"确定"按钮。

③ 选中"我欲乘风归去，又恐琼楼玉宇，"两句词，单击"开始"选项卡"段落"组中的"中文版式"按钮，在弹出的"中文版式"下拉列表中单击"双行合一"按钮，弹出"双行合一"对话框，单击"确定"按钮。

④ 选中"起舞"两个字符，单击"开始"选项卡"段落"组中的"中文版式"按钮，在弹出的"中文版式"下拉列表中单击"纵横混排"按钮，弹出"纵横混排"对话框，单击"确定"按钮。

⑤ 选中全部文字，单击"开始"选项卡上"段落"组的"中文版式"按钮，在弹出的"中文版式"下拉列表中单击"字符缩放"按钮，在弹出的级联菜单中选择"150%"。

最终效果如图3-92所示。

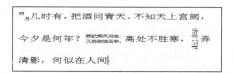

图3-91　输入文字

图3-92　输入文字

3.3.3　使用"样式"格式化文档

样式是文档中一系列格式的组合，包括字符格式、段落格式及边框和底纹等。若采用五号宋体、两端对齐、单倍行距，不必分几步去设置正文格式，只需应用"正文"样式即可取得同样的效果。因此利用样式，可以融合文档中的文本、表格的统一格式特征，得到风格一致的格式效果，它能迅速改变文档的外观，节省大量操作。样式与文档中的标题和段落的格式设置有较为密切的联系。样式特别适用于快速统一长文档的标题、段落的格式。

"样式"的应用和设置在"开始"选项卡的"样式"组和"样式"任务窗格中进行。样式的操作有查看样式、创建样式、修改样式和应用样式。

"开始"选项卡"样式"组左边的方框显示 Word 提供的目前应用的样式，在方框中可选择合适的应用样式。Word 的默认样式是"正文"，其提供的格式是五号宋体、两端对齐方式、单倍行距。在"样式和格式"列表框中单击"清除格式"按钮，样式定义操作即复原到"正文"样式。

1. 样式名

样式名即是格式组合（即样式）的名称。样式是按名使用，最长为 253 个字符（除反斜杠、分号、大括号外的所有字符）。

样式可分为标准样式和自定义样式两种。

标准样式是 Word 预先定义好的内置样式，如正文、标题、页眉、页脚、目录、索引等。

自定义样式指用户自己创建的样式。如果需要字符或段落包括一组特殊属性，而现有样式中又不包括这些属性，例如，设置所有标题字符格式为加粗、倾斜的红色隶书，用户可以创建相应的字符样式。如果要使某些段落具有特定的格式，例如，设置段前、段后距为 0.5 行；悬挂缩进 2 字符；1.5 倍行距。但已有的段落样式中不存在这种格式，也可以创建相应的段落样式。

2. 查看样式

在使用样式进行排版前，或者是浏览已应用样式排版好的文档，用户可以在文档窗口查看文档的样式，具体操作如下所述：

选中要查看样式的段落，单击"开始"选项卡"样式"组中的"快速样式列表库"下拉按钮，即可看到光标所在位置的文本样式会在"快速样式库"中以方框的高亮形式显示出来，如图 3-93 所示，光标所在位置文本应用的样式为"无间隔"。

注意："快速样式列表库"并不会罗列全部的样式，里边列出的样式是"样式"任务窗格所提供样式列表的子集。"快速样式库"样式的添加或删除可由"样式"下拉列表中右击样式名选择相应的"添加到快速样式库"或"从快速样式库中删除"命令即可，如图 3-94 所示。右击"副标题"样式，选择"从快速样式库中删除"命令，将从快速样式列表删除该样式。

3. 应用与删除样式

"样式"下拉列表中包含有很多 Word 的内建样式，或是用户定义好的样式。利用这些已有样式，可以快速地应用有格式的文档.应用样式可按如下步骤操作：

① 选择或将光标置于需要样式格式化的标题或段落。

② 单击"开始"选项卡"样式"组的对话框启动器按钮，弹出"样式"任务窗格，如图 3-95 所示。"样式"任务窗格上方是"样式"下拉列表框，列出了全部的样式集合。

③ 在"样式"下拉列表中选择所需要的样式。步骤①选中的标题或段落即实现该样式的格式。删除样式非常简单，只需要在"样式"下拉列表中右击需要删除的样式，在弹出的快捷菜单选择"删除"命令即可。

图 3-93 查看所选段落样式

图 3-94 设置快速样式库

图 3-95 "样式"任务窗格

4．新建样式

当 Word 提供的内置样式和用户自定义的样式不能满足文档的编辑要求时，用户就要按实际需要自定义样式。新建样式可按如下步骤操作：

① 单击"开始"选项卡"样式"组的对话框启动器按钮，弹出"样式"任务窗格，如图 3-95 所示。

② 在"样式"任务窗格左下方单击"新建样式"按钮。

③ 在弹出的"根据格式设置创建新样式"对话框中进行如下设置：在"名称"文本框中输入新建样式的名称，默认为"样式 1""样式 2"，依此类推，如图 3-96 所示。

在"样式类型"列表中根据实际情况选择一种，如选择"字符"格式或"段落"样式。"字符样式"中包含一组字符格式，如字体、字号、颜色和其他字符的设置，如加粗等。"段落样式"除了包含字符格式外，还包含段落格式的设置。"字符样式"适用于选定的文本，"段落样式"可以作用于一个或几个选定的段落。在任务窗格中，"字符样式"用符号"a"表示，"段落样式"用类似回车符号表示。

④ 单击"格式"按钮，弹出下拉菜单，如图 3-97 所示，分别可以对字体、段落、制表位、边框、语言、图文框、编号、快捷键和文字效果进行综合的设置。

⑤ 新建样式的效果可以在对话框中部的预览框中看到，并在方框下部有详细的样式设置说明，如图 3-97 所示。设置完毕后，单击"根据格式设置创建新样式"对话框的"确定"按钮。

图 3-96　"根据格式创建设置新样式"对话框　　　　图 3-97　"格式"下拉菜单

5. 修改样式

如果 Word 所提供的样式有些不符合应用要求，用户也可以对已有的样式进行修改，按如下步骤操作：

① 单击"开始"选项卡样式组的对话框启动器按钮，打开"样式"任务窗格。

② 在"样式"任务窗格中，右击要修改的样式名或单击要修改样式名右边的样式符号按钮，在弹出的快捷菜单中选择"修改"命令（见图 3-98）。

③ 在弹出的"修改样式"对话框中，可以修改字体格式、段落格式，还可以单击对话框的"格式"按钮，修改段落间距、边框和底纹等选项。

④ 单击"确定"按钮，完成修改。

修改样式的操作也可通过"样式"任务窗格的"管理样式"按钮进行，具体操作详见下文。

6. 样式检查器

Word 2013 提供的"样式检查器"功能可以帮助用户显示和清除 Word 文档中应用的样式和格式，"样式检查器"将段落格式和文字格式分开显示，用户可以对段落格式和文字格式分别清除，操作步骤如下所述：

① 打开 Word 2013 文档窗口，单击"开始"选项卡"样式"组的对话框启动器按钮，打开"样式"任务窗格。

② 在"样式"窗格中单击"样式检查器"按钮，打开"样式检查器"窗格，如图 3-99 所示。

③ 在打开的"样式检查器"窗格中，分别显示出光标当前所在位置的段落格式和文字格式，如果想看到更为清晰详细的格式描述，可单击"样式检查器"窗格下方的"显示格式"按钮，在打开的"显示格式"任务窗格中查看。分别单击"重设为普通段落样式""清除段落格式""清除字符样式""清除字符格式"按钮清除相应的样式或格式。

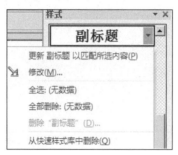

图 3-98　右键菜单

图 3-99　"样式检查器"窗格

7．管理样式

"管理样式"对话框是 Word 2013 提供的一个比较全面的样式管理界面，用户可以在"管理样式"对话框中完成前述的新建样式、修改样式和删除样式等样式管理操作。下面仅对在 Word 2013"管理样式"对话框中修改样式的步骤进行说明：

① 打开 Word 2013 文档窗口，单击"开始"选项卡"样式"组的对话框启动器按钮，打开"样式"任务窗格。

② 在打开的"样式"窗格中单击"管理样式"按钮，如图 3-100 所示。

③ 弹出"管理样式"对话框，切换到"编辑"选项卡。在"选择要编辑的样式"列表框中选择需要修改的样式，然后单击"修改"按钮，如图 3-101 所示。

图 3-100　单击"管理样式"按钮

图 3-101　"管理模式"对话框

④ 在弹出的"修改样式"对话框中根据实际需要重新设置该样式的格式，并单击"确定"按钮，如图 3-102 所示。

⑤ 返回"管理样式"对话框，选中"副标题"选项，并单击"确定"按钮，如图 3-103 所示。

在"管理样式"对话框中完成新建样式、删除样式的步骤类似于上述的修改样式，而且比较简单，不再赘述。

图 3-102　"修改样式"对话框　　　　图 3-103　"管理样式"对话框

3.3.4　快速设置图片格式

在文档中插入的图片，它的显示格式可能不满足用户的要求，需要对图片的格式进行设置。设置格式包括调整图片的大小、图片和文字之间摆放的关系（即版式设置）、调节图片图像效果等操作。在文档中插入的图片、表格、文本框、自选图形和绘图（如流程图）都需要进行格式的设置，右击图片后弹出的快捷菜单上有一个"设置图片格式"命令项，选择该命令后会弹出"设置图片格式"对话框，可以快速设置图片格式，它们的格式化操作的快捷菜单大致相同。图 3-104 所示为图片的快捷菜单。本节以图 3-105 所示的图片、图 3-106 所示的"设置图片格式"对话框为例，讲解设置图片格式的功能。

图 3-104　图片的快捷菜单

图 3-105　图片

1. 设置图片格式

选中图片，单击"图片工具|格式"选项卡"图片样式"组的对话框启动器按钮，打开"设置图片格式"任务窗格，分别是填充、线条、布局属性、图片，每一项内容中可以设置相应的参数（见图 3-106）。

线条颜色：用于对绘图、文本框线和表格的线条或箭头设置线条的颜色（包括无线条、实线、渐变线）、亮度、透明度等。

阴影：用于对图片设置阴影效果，可以设置阴影的颜色、透明度、大小、虚化、角度和距离。

图片更正：调节图片亮度、对比度、清晰度。

图片颜色：主要用于调节图片的色彩饱和度、色调，或者为图片重新着色。

发光和柔化边缘：图 3-105 所示是在"发光和柔化边缘"选项卡下设置了柔化边缘大小为 23 磅的效果。

艺术效果：用于为图片添加特殊效果，利用"艺术效果"选项卡可以轻松为图片添加特效。

裁剪：在"裁剪"区域分别设置左、右、上、下的裁剪尺寸，可以对选中的图像精确快速地进行裁剪。

可选文字：是指把 Word 文档保存为网页格式后，把鼠标指针放在网页文件的图片上时所显示的文字，或者源图片文件丢失时用于替代源图片的文本。

2. 在图片下方增加文字说明

在文档中插入的图片，往往需要在图片的下方加上一些文字说明。

在图片加上文字说明，方法有两种。一是可以右击图片，在弹出的快捷菜单中选择"插入题注"命令，通过在弹出的对话框（见图 3-107）中设置。例如，在"题注"中写上该图片的说明、设置编号等，单击"确定"按钮，在该图片下方即有文字说明。另一个方法是通过插入文本框来实现，按以下步骤操作：

① 单击"插入"选项卡中的"文本框"按钮，在图片下方插入一个文本框。

图 3-106　"设置图片格式"窗格

图 3-107　"题注"对话框

② 在文本框中输入图片的说明文字，取消文本框边框线。

③ 按住 Shift 键分别单击图片及文本框，然后右击，在弹出的快捷菜单中选择"组合"命令。

④ 对组合后带说明的图片设置环绕方式，并调整好位置。

3. 利用选项卡设置图片效果

用户还可以通过"图片工具|格式"选项卡功能区来编辑图片，设置图片效果，如图 3-108 所示。该选项卡分为调整、图片样式、排列、大小 4 个组，为用户提供了设置图片格式的命令。在"设置图片格式"对话框中可快速设置图片的格式，在"图片工具|格式"选项卡中也可实现对图片进行设置。

图 3-108　"图片工具|格式"选项卡

3.3.5　底纹与边框格式设置

为文档中某些重要的文本或段落增设边框和底纹，文稿中的表格同样也需要设置边框和底纹。边框和底纹以不同的颜色显示，能够使这些内容更引人注目，外观效果更加美观，能起到更突出和醒目的显示效果。

1. 设置表格、文字或段落的底纹

设置表格、文字或段落的底纹，可按如下步骤操作：

① 选择需要添加底纹的表格、文字或段落。

② 单击"开始"选项卡"段落"组中的"所有框线"按钮；或者单击"开始"选项卡"段落"组中的"所有框线"下拉按钮（选择过一次后，系统将用"边框和底纹"按钮替换该按钮），在"边框和底纹"下拉列表中单击"边框和底纹"按钮，如图 3-109 所示。

③ 弹出"边框和底纹"对话框，如图 3-110 所示。

④ 在"边框和底纹"对话框，选择"底纹"选项卡，根　图 3-109　"边框和底纹"下拉列表

据版面需求设置底纹的填充颜色、图案的样式和颜色等。设置底纹时，应用的对象有"文字""段落""单元格"和"表格"底纹的区别，可在"应用于"下拉列表中选择。第一段是文字底纹，第三段是段落底纹的设置效果，如图 3-111 所示。

2. 设置表格、文字或段落的边框

给文档中的文本或段落添加边框，既可以使文本与文档的其他部分区分开来，又可以增强视觉效果。

设置文字或段落的边框，可按如下步骤操作：

① 选择需要添加边框的文字或段落。

② 单击"开始"选项卡"段落"组中的"所有框线"按钮。

③ 在弹出的"边框和底纹"对话框中，选择"边框"选项卡，如图 3-112 所示，并设置边框的线型、颜色、宽度等。在"应用于"下拉列表中选择应用于"文字"还是"段落"，单击"确定"按钮。

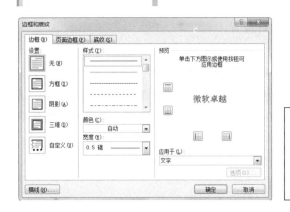

图 3-110 “边框和底纹”对话框

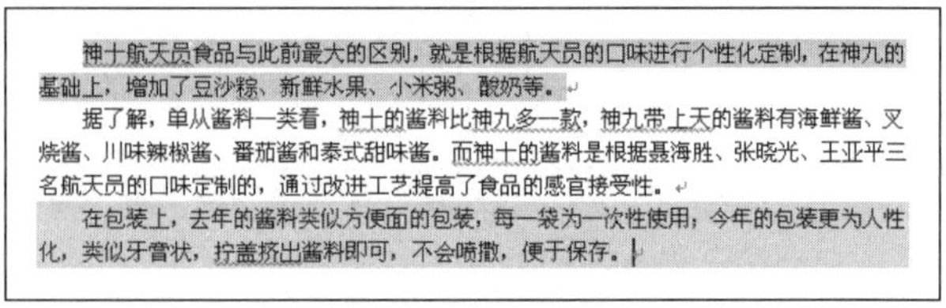
神十航天员食品与此前最大的区别，就是根据航天员的口味进行个性化定制，在神九的基础上，增加了豆沙粽、新鲜水果、小米粥、酸奶等。
据了解，单从酱料一类看，神十的酱料比神九多一款，神九带上天的酱料有海鲜酱、叉烧酱、川味辣椒酱、番茄酱和泰式甜味酱。而神十的酱料是根据聂海胜、张晓光、王亚平三名航天员的口味定制的，通过改进工艺提高了食品的感官接受性。
在包装上，去年的酱料类似方便面的包装，每一袋为一次性使用，今年的包装更为人性化，类似牙膏状，拧盖挤出酱料即可，不会喷撒，便于保存。

图 3-111 设置底纹

如图 3-113 所示，第一段是文字边框，第三段是段落边框，边框线是“双波浪型”。文字与段落边框在形式上存在区别：前者是由行组成的边框，后者是一个段落方块的边框。

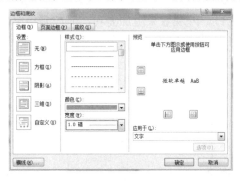

图 3-112 “边框”选项卡

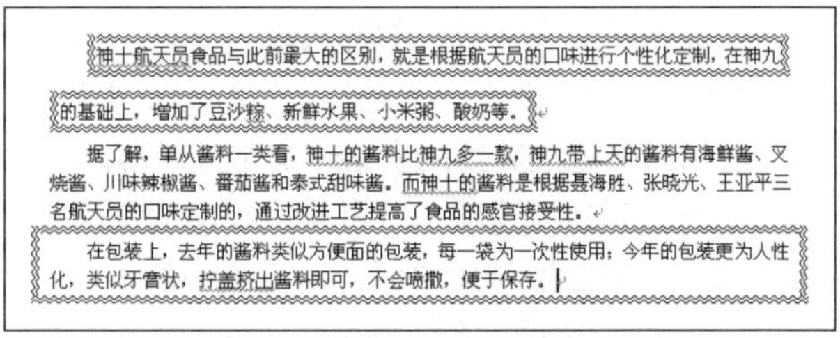
神十航天员食品与此前最大的区别，就是根据航天员的口味进行个性化定制，在神九的基础上，增加了豆沙粽、新鲜水果、小米粥、酸奶等。
据了解，单从酱料一类看，神十的酱料比神九多一款，神九带上天的酱料有海鲜酱、叉烧酱、川味辣椒酱、番茄酱和泰式甜味酱。而神十的酱料是根据聂海胜、张晓光、王亚平三名航天员的口味定制的，通过改进工艺提高了食品的感官接受性。
在包装上，去年的酱料类似方便面的包装，每一袋为一次性使用，今年的包装更为人性化，类似牙膏状，拧盖挤出酱料即可，不会喷撒，便于保存。

图 3-113 设置边框

设置表格边框，按以下步骤操作：

① 选择需要添加边框的表格。

② 单击“开始”选项卡“段落”组中的“边框和底纹”下拉按钮；或者右击，在弹出的快捷菜单中选择“边框和底纹”命令。

③ 在弹出的“边框和底纹”对话框中，选择“边框”选项卡，如图 3-114 所示，设置边框（包括边框内的斜线、直线、横线、单边的边框线）的线型、颜色、宽度等。

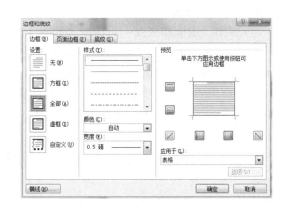

图 3-114 “边框”选项卡

3.3.6 页面格式化设置

文稿的页面可以设置背景颜色，也可以对整个页面加上边框，或在页面中某处增加横线，以增加页面的艺术效果。

页面设置可通过单击“页面布局”选项卡“页面背景”组中的按钮实现背景颜色和填充效果、页面边框和底纹的设置，并能设置水印。

单击"页面布局"选项卡"页面背景"组中的"页面边框"按钮,可以设置页面的边框线型、线的宽度和颜色;也可以单击"横线"按钮,在页面的某处设置合适的横线。

设置完毕后,还要选择应用范围,如应用于"整篇文章"还是"本节"。

1. 设置页面背景

Word 提供了设置文档页面背景色的功能,利用这个功能可以为文档的页面设置背景色,背景色可以选择填充颜色、填充效果(如渐变、纹理、图案或图片)。例如,将文档加上一张图片作为背景,可按如下步骤操作:

① 单击"页面布局"选项卡"页面背景"组中的"页面颜色"按钮。

② 在弹出的下拉列表中单击"填充效果"按钮,如图 3-115 所示。

③ 在弹出的"填充效果"对话框中,选择"图片"选项卡,如图 3-116 所示,然后单击"选择图片"按钮。

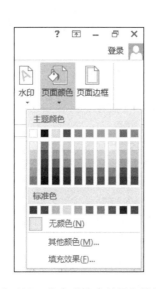

图 3-115　单击"填充效果"按钮　　　　图 3-116　　"图片"选项卡

④ 在弹出的"选择图片"对话框中,选择某张图片,如图 3-117 所示。

2. 设置页面水印

可以在文稿的背景中增添"水印"。如在页面上增加"公司文件"字样的水印效果,操作步骤如下:

① 单击"设计"选项卡"页面背景"组中的"水印"按钮,如图 3-118 所示。

② 在弹出的下拉列表中单击"自定义水印"按钮(见图 3-119),弹出"水印"对话框,如图 3-120 所示。

③ 在"水印"对话框的"文字"文本框中输入"添加了水印",按要求选择字体、尺寸、颜色,并选中"半透明"复选框,版式为斜式。单击"确定"按钮,效果如图 3-121 所示。

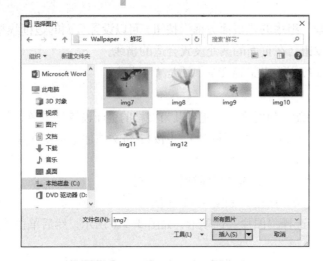

图 3-117　"选择图片"对话框　　　　　　　　　　图 3-118　"水印"对话框

图 3-119　单击"自定义水印"按钮　　　　　　　图 3-120　"水印"对话框

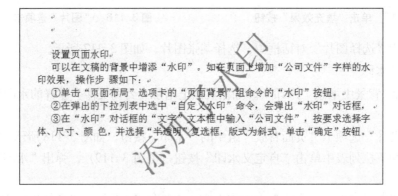

图 3-121　水印效果

设置页面水印。

可以在文稿的背景中增添"水印"。如在页面上增加"公司文件"字样的水印效果，操作步骤如下：

①单击"页面布局"选项卡的"页面背景"组命令的"水印"按钮。

②在弹出的下拉列表中选中"自定义水印"命令，会弹出"水印"对话框。

③在"水印"对话框的"文字"文本框中输入"公司文件"，按要求选择字体、尺寸、颜色，并选择"半透明"复选框，版式为斜式。单击"确定"按钮。

注意：在步骤③中，如果用户所需要的水印效果已在"水印"下拉列表的水印库中，直接单击即可给文档页面添加上相应的水印效果。

3. 设置页面边框

Word文档中，除了可以给文字和段落添加边框和底纹外，还可以为文档的每一页添加边框。为文档的页面设置边框，可按如下步骤操作：

① 单击"设计"选项卡"页面背景"组中的"页面边框"按钮，弹出"边框和底纹"对话框。

② 选择"边框和底纹"对话框中的"页面边框"选项卡。

③ 在"设置"区域中选择"方框"，并在"样式"列表框中选择一种线型，如图3-122所示。也可以在"艺术型"下拉列表中选择一种带图案的边框线，如图3-123所示。

图3-122 选择边框线型

图3-124所示为艺术型边框类型。

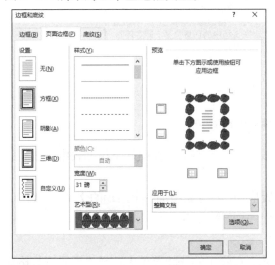

图3-123 "艺术型"下拉列表

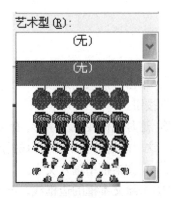

图3-124 艺术型边框线型

3.4 在文档中插入元素

3.4.1 插入文本框

Word 在文稿输入操作时，在光标引导下，按从上到下，从左到右的顺序进行输入。在实际的文稿排版中，往往有不同的要求，这些要求并不是可以用分栏或格式化就能完成的。引入文本框操作，能较好地完成排版的特殊要求，如可以在页面的任何位置完成文稿的输入或图片、表格等元素的插入操作。

文本框属于一种图形对象，它实际上是一个容器，可以放置文本、表格和图形等内容。用文本框可以创造特殊的文本版面效果，实现与页面文本的环绕、脚注或尾注。

文本框内的文本可以进行段落和字体设置，并且文本框可以移动，调节大小。使用文本框可以将文本、表格、图形等内容像图片一样放置在文档中的任意位置，即实现图文混排。

根据文稿的需要，单击"插入"选项卡"文本"组中的"文本框"按钮，在其下拉列表中单击"绘制文本框"按钮，光标变为十字形，在页面的任意位置拖动形成活动方框。在这个活动方框中可以输入文字或图片。

【例 3-8】如图 3-125 所示，建立 3 个文本框，输入文字（可复制文字）。完成后去除 3 个文本框的边框线。

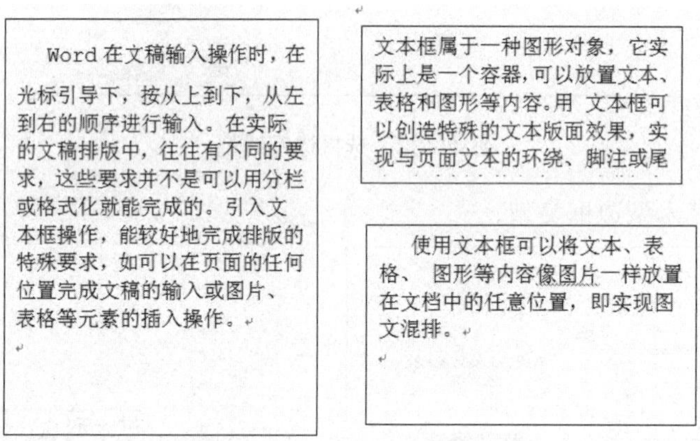

图 3-125　输入文本框内容

① 单击"插入"选项卡"文本"组中的"文本框"按钮，在弹出的下拉列表中单击"绘制文本框"按钮。

② 这时光标变成十字形，在文档中任意位置拖动，即自动增加一个活动的文本框，如图 3-126 所示。这个活动的文本框可以被拖动到任何位置，或调整大小。

③ 在文本框中输入文字。

④ 去除文本框的边框线。选中文本框并右击，在弹出的快捷菜单中选择"设置形状格式"命

令，打开"设置形状格式"窗格，选择"纯色填充"单选按钮；选择"无线条"单选按钮，如图3-127和图3-128所示。

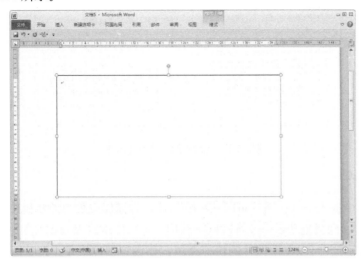

图3-126　插入文本框

图3-127　选择"线条颜色"单选按钮

图3-128　选择"无线条"单选按钮

逐一去除各个文本框的边框线，最终效果如图3-129所示。

【例3-9】在文本框中添加边框线和填充底色.为文本框添加绿色边框、黄色底纹。

① 右击"文本框"，在弹出的快捷菜单中选择"设置形状格式"命令。

② 在"设置形状格式"窗格中，设置"填充"颜色为黄色、线条的颜色为绿色和虚实线样式，结果如图3-130所示。

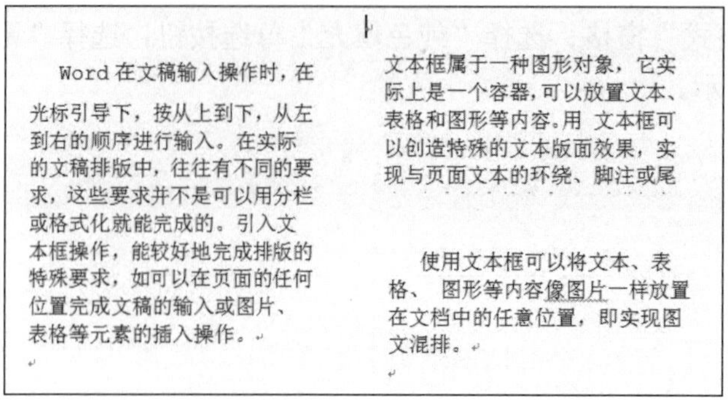

Word 在文稿输入操作时，在光标引导下，按从上到下，从左到右的顺序进行输入。在实际的文稿排版中，往往有不同的要求，这些要求并不是可以用分栏或格式化就能完成的。引入文本框操作，能较好地完成排版的特殊要求，如可以在页面的任何位置完成文稿的输入或图片、表格等元素的插入操作。

文本框属于一种图形对象，它实际上是一个容器，可以放置文本、表格和图形等内容。用 文本框可以创造特殊的文本版面效果，实现与页面文本的环绕、脚注或尾

使用文本框可以将文本、表格、 图形等内容像图片一样放置在文档中的任意位置，即实现图文混排。

图 3-129　没有边框线的文本框

3.4.2　插入图片

Word 可在文档中插入图片，图片可以从剪贴画库、扫描仪或数码照相机中获得，也可以从本地磁盘（来自文件）、网络驱动器以及互联网上获取，还可以取自 Word 本身自带的剪贴图片。图片插入在光标处，此外，可以使用图片的快捷菜单，如设置图片格式、调整图片的大小、设置与本页文字的环绕关系等，以取得合适的编排效果。

插入各种类型图片的操作都可以通过单击"插入"选项卡"插图"组中的相应按钮来实现。图 3-131 所示为系统提供的"插图"组命令按钮，允许用户插入包括来自文件的图片、剪贴画、现成的形状（如文本框、箭头、矩形、线条、流程图等）、SmartArt（包括图形列表、流程图及更为复杂的图形）、图表及屏幕截图（插入任何未最小化到任务栏的程序图片）。

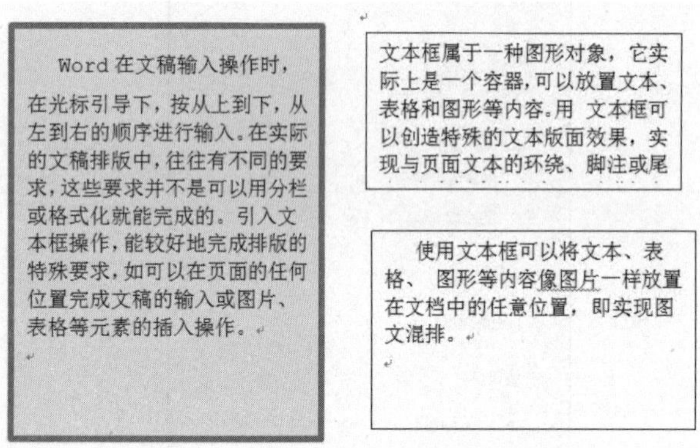

Word 在文稿输入操作时，在光标引导下，按从上到下，从左到右的顺序进行输入。在实际的文稿排版中，往往有不同的要求，这些要求并不是可以用分栏或格式化就能完成的。引入文本框操作，能较好地完成排版的特殊要求，如可以在页面的任何位置完成文稿的输入或图片、表格等元素的插入操作。

文本框属于一种图形对象，它实际上是一个容器，可以放置文本、表格和图形等内容。用 文本框可以创造特殊的文本版面效果，实现与页面文本的环绕、脚注或尾

使用文本框可以将文本、表格、 图形等内容像图片一样放置在文档中的任意位置，即实现图文混排。

图 3-130　带边框线和底纹的文本框　　　　　　　**图 3-131　"插图"组**

1. 插入来自文件的图片
① 将光标置于要插入图片的位置。
② 选择"插入"选项卡，单击"插图"组中的"图片"按钮。
③ 选择图片文件所在的文件夹位置，并选择其中要打开的图片文件，如图 3-132 所示。

2. 插入形状（自选图形）
插入形状包括插入现成的形状，如矩形和圆、线条、箭头、流程图、符号与标注等，图 3-133 所示为系统提供的可插入的形状列表。插入形状的操作步骤和插入图片及剪贴画类似。

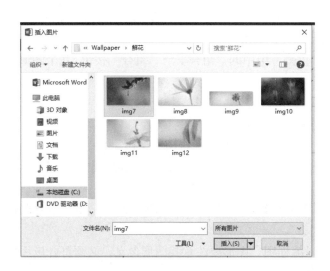

图 3-132　"插入图片"对话框　　　　　　　图 3-133　"形状"下拉列表

　　根据文稿的需要，绘制的图形可由单个或多个图形组成。多个图形，可以通过"叠放次序"或"组合"操作，再组合成一个大的图形，以便根据文稿要求插入到合适的位置。

　　（1）单个图形的制作步骤

　　① 根据文稿要求，单击"插入"选项卡"插图"组中的"形状"按钮，从"形状"下拉列表中选择合适的形状，如图 3-133 所示。

　　② 将已经变成十字标记的鼠标指针定位到要绘图的位置，拖动鼠标，可得到被选择的图形，可将图形拖动到文稿的适当位置。

　　③ 图形中有 8 个控制点，可以调节图形的大小和形状。另外，拖动绿色小圆点可以转动图形，拖动黄色小菱形点可改变图形形状，或调整指示点。

　　（2）多个图形制作步骤

　　① 分别制作单个图形。

　　② 按设计总体要求，调整各图形的位置。

　　③ 拖动单个图形到合适位置。利用"绘图工具|格式"选项卡"排列"组中的"对齐"按钮对图形进行对齐或分布调整；利用"旋转"按钮设置图形的旋转效果。

　　④ 多图形重叠时，上面的图形会挡住下面的图形，单击"绘图工具|格式"选项卡"排列"组中的按钮，分别单击"上移一层"按钮、"下移一层"按钮调整各图形的叠放次序，改变重叠区的可见图形。

　　3. 在图形中添加文字

　　① 在要添加文字的图形上方右击，在弹出的快捷菜单中选择"添加文字"命令。

② 在插入点处输入字符，并适当格式化。

4. 多个图形组合

多个单独的图形，通过"组合"操作，形成一个新的独立的图形，以便于作为一个图形整体参与位置的调整。

① 激活图形后，单击"绘图工具|格式"选项卡"排列"组中的"选择窗格"按钮，在弹出的"选择和可见性"任务窗格中选中要组合的各个图形。

② 单击"绘图工具|格式"选项卡"排列"组中的"组合"→"组合"按钮，几个图形即组合为一个整体。

要取消图形的组合，单击"取消组合"即可。

【例 3-10】建立"仓库管理操作流程图"。

① 单击"插入"选项卡"插图"组中的"形状"→"流程图"按钮。

② 根据案例选择所需的图形，在需要绘制图形的位置单击并拖动鼠标，也可以双击选择所选的图形。

"流程图"下的每个图形都在流程图中有具体的"标准"的应用意义。如矩形方框是"过程"框，而圆角的矩形框是"可选过程"。

绘制标准要求高的流程图时，使用"流程图"图形要注意其图形含义，必须符合应用标准。光标放于该图形之中，可以得到该图形的含义。

③ 在图形中输入所需的文字并设置字符格式。

④ 用同样的方法，绘制出其他图形，并为其添加和设置文字，拖动到适当的位置，如图 3-134 所示。

对绘制出来的图形，可以对其重新进行调整，如改变大小，填充颜色、线条类型与宽度以及设置阴影与三维效果等。再利用"组合"命令，将相互关联的图形组合为一个图形，以便于插入文档中使用。

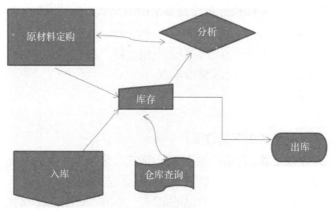

图 3-134　仓库管理操作流程图

5. "图片工具|格式"选项卡

插入图片后单击图片，会自动增加"图片工具|格式"选项卡，利用调整、图片样式、排列和

大小 4 个组中的命令按钮可对图片进行各种设置。前述的"设置图片格式"对话框能设置的图片效果，利用"图片工具|格式"选项卡也同样能完成。

（1）设置图片大小方法

方法 1：利用"图片工具|格式"选项卡设置图片大小的操作步骤如下：

① 激活图片，自动增加"图片工具|格式"选项卡。

② 在"大小"组中有"高度""宽度"两个输入框，分别输入高度、宽度值，会发现选中的图片大小立刻得到了调整。

方法 2：右击图片，在弹出的快捷菜单中选择"设置图片大小"命令，在弹出的对话框中，直接输入高度、宽度值。

方法 3：选中要调整大小的图片，图片四周会出现 8 个方块，将鼠标指针移动到控点上，按下鼠标左键并拖动到适当位置，再释放鼠标左键即可。这种方法只是粗略的调整，精细调整需采用方法 1 或方法 2。

（2）剪裁图片

利用"图片工具|格式"选项卡裁剪图片大小的操作步骤如下：

① 激活图片，增加"图片工具|格式"选项卡。

② 单击"大小"组中的"裁剪"按钮，在弹出的下拉列表中单击"裁剪"按钮，如图 3-135 所示。

③ 这时图片周围会出现 8 个裁切定界框标记，拖动任意一个标记都可达到裁剪效果。拖动右下方则可以按高度、宽度同比例裁剪。图 3-136 所示是裁剪为心形的效果图。

图 3-135　单击"裁剪"按钮　　　　　　图 3-136　图片裁剪效果

（3）设置图片与文字排列方式

用户可以根据排版需要设置图片与文字的排列方式，具体操作步骤如下：

① 激活图片，自动增加"图片工具|格式"选项卡。

② 单击"排列"组中的"自动换行"按钮，在弹出的下拉列表选择一种文字环绕方式即可，如图 3-137 所示。在"自动换行"下拉列表中，除了可以选择预设的效果，如嵌入式、四周型环绕、上下型环绕等，还可单击"其他布局选项"按钮，在弹出的"布局"对话框中设置图片的位置，如图 3-138 所示。

（4）为图片添加文字

除了"线条"以外，在"基本形状""箭头总汇""流程图""标注""星与旗帜"等自选图形类型中才可以添加文字。在 Word 2013 自选图形中添加文字的步骤如下所述：

图 3-137 "自动换行"下拉列表　　　　　图 3-138 "布局"对话框

① 打开 Word 2013 文档窗口,右击准备添加文字的自选图形,并在弹出的快捷菜单中选择"添加文字"命令，如果被选中的自选图形不支持添加文字，则在快捷菜单中不会出现"添加文字"命令。

② 自选图形进入文字编辑状态，根据实际需要在自选图形中输入文字内容即可;用户可以对自选图形中的文字进行字体、字号、颜色等格式设置。图 3-139 所示为添加文字后的七角星自选图形。

图 3-139 添加文字

使用 Word 2013 文档提供的自选图形不仅可以绘制各种图形，还可以向自选图形中添加文字，从而将自选图形作为特殊的文本框使用。

（5）删除图片背景

Word 2013 可以轻松去除图片的背景，具体操作步骤如下:

① 选择 Word 文档中要去除背景的一张图片（见图 3-140），然后单击"图片工具|格式"选项卡"调整"组的"删除背景"按钮。

② 进入图片编辑状态，拖动矩形边框四周上的 8 个控制点，以便圈出最终要保留的图片区域，如图 3-141 所示。

③ 完成图片区域的选定后，单击"背景消除"选项卡"关闭"组中的"保留更改"按钮，或直接单击图片范围以外的区域，即可去除图片背景并保留矩形圈中的部分，如图 3-142 所示。如果希望不删除图片背景并返回图片原始状态，则需要单击"背景消除"选项卡"关闭"组中的"放弃所有更改"按钮，通常只需调整矩形框内要保留的部分，即可得到想要的结果。如果希望可以更灵活地控制要去除背景而保留下来的图片区域，可能需要使用以下几个工具，在进入图片去除背景的状态下执行这些操作:

图 3-140　原图

图 3-141　选定保留的图片区域

图 3-142　删除背景后的图

　　a. 单击"背景消除"选项卡"优化"组中的"标记要保留的区域"按钮，指定额外要保留下来的图片区域。

　　b. 单击"背景消除"选项卡中的"标记要删除的区域"按钮，指定额外要删除的图片区域。

　　c. 单击"背景消除"选项卡中的"删除标记"按钮，可以删除以上两种操作中标记的区域。

　　(6) 设置图片艺术效果

　　为图片设置艺术效果的操作步骤如下所述：

　　① 选择 Word 文档中要添加艺术效果的一张图片，然后单击"图片工具|格式"选项卡"调整"组中的"艺术效果"按钮。

　　② 在弹出的"艺术效果"下拉列表中选择一种艺术效果，如"玻璃"，图 3-143 所示是将图 3-140 设置为"玻璃"艺术效果后的图片。

　　(7) 设置图片样式

　　直接选中一幅图片，激活图片后，在"图片样式"组单击"图片样式"列表框中的一种图片样式，即可为图片设置一种样式。图 3-144 所示为设置了"金属椭圆"样式的效果。

　　(8) 调整图片颜色

　　① 选中图片后，在"调整"组单击"颜色"按钮，弹出"颜色"下拉列表，如图 3-145 所示。

图 3-143 "玻璃"艺术效果　　　　　　　图 3-144 "金属椭圆"样式

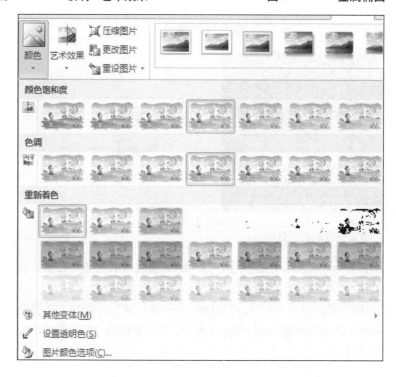

图 3-145 "颜色"下拉列表

② 在"颜色"下拉列表中分别设置"颜色饱和度"为"0%"，"色调"为"色温：4700K"，"重新着色"为"水绿色，强调文字颜色 5 浅色"，如图 3-146 所示。

用户还可以在"颜色"下拉列表中选择"其他变体""设置透明色"或"图片颜色选项"进一步设置，达到所要的图片效果。

（9）将图片换成 SmartArt 图

Word 2013 的 SmartArt 图是非常优秀的图形，用户可以通过简单的操作将现有的普通图片转换成 SmartArt 图，本实例中将 5 幅各自独立的普通图片转化成 SmartArt，如图 3-147 所示。具体操作步骤如下所述：

① 在文档中插入 5 幅普通的图片，紧凑排列在一起，如图 3-147 所示。

图 3-146　调整图片颜色后的效果

图 3-147　一幅普通图

② 激活图片，单击"图片工具|格式"选项卡"排列"组中的"自动换行"按钮，选择将 5 幅图片都设置成"浮于文字上方"。

③ 激活一幅图片，"排列"组中的"选择窗格"按钮变成可选，单击该按钮，在弹出的"选择和可见性"任务窗格中选中 5 幅图片。

④ 在步骤③选中 5 幅图片的基础上，单击"图片样式"组中的"图片版式"按钮，在弹出的"图片版式"列表框选择一种版式，如"升序图片重点流程"，如图 3-148 所示。

⑤ 这时，原来的 5 幅图片已经转化成了 SmartArt 图，并且窗口的选项卡栏增加了"SmartArt 工具|设计"选项卡，用户可以利用该选项卡"SmartArt 样式"组中的命令按钮对 SmartArt 图的颜色及样式进行设置，如选择"更改颜色"为"彩色范围强调颜色 5 至 6"，也可以在"布局"组件重新调整布局，或在"重置"组中重设图形。最终效果图如图 3-149 所示。

图 3-148　选择图片版式

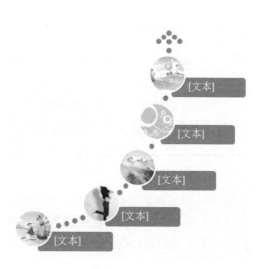

图 3-149　转化成的 SmartArt 图

3.4.3 插入 SmartArt 图

在实际工作中，经常需要在文档中插入一些图形，如工作流程图、图形列表等比较复杂的图形，以增加文稿的说明力度。Word 2013 提供了 SmartArt 功能，SmartArt 图形是信息和观点的视觉表示形式。可以通过从多种不同布局中进行选择来创建 SmartArt 图形，从而快速、轻松、有效地传达信息。

绘制图形可以使用"SmartArt"命令完成，SmartArt 图是 Word 设置的图形、文字及其样式的集合，包括列表（36 个）、流程（44 个）、循环（16 个）、层次结构（13 个）、关系（37 个）、矩阵（4 个）、棱锥（4 个）和图片（31 个）共 8 个类型 185 个图样。单击"插入"选项卡"插图"组中的"SmartArt"按钮，弹出"选择 SmartArt 图形"对话框，如图 3-150 所示。表 3-3 列出了"选择 SmartArt 图形"对话框各图形类型和用途的说明。

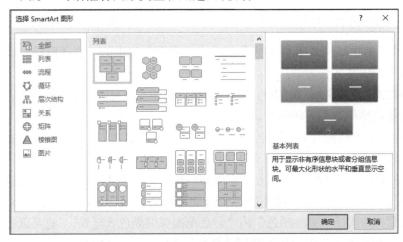

图 3-150 "选择 SmartArt 图形"对话框

表 3-3 图形类型及用途

图 形 类 型	图 形 用 途
列表	显示无序信息
流程	在流程或日程表中显示步骤
循环	显示连续的流程
层次结构	显示决策树，创建组织结构图
关系	图示连接
矩阵	显示各部分如何与整体关联
棱锥图	显示与顶部或底部最大部分的比例关系

1. 布局考虑

为 SmartArt 图形选择布局时，要考虑该图形需要传达什么信息以及是否希望信息以某种特定方式显示。通常，在形状个数和文字量仅限于表示要点时，SmartArt 图形最有效。

如果文字量较大，则会分散 SmartArt 图形的视觉吸引力，使这种图形难以直观地传达用户的信息。但某些布局（如"列表"类型中的"梯形列表"）适用于文字量较大的情况。如果需要传达多个观点，可以切换到另一个布局，该布局含有多个用于文字的形状，如"棱锥图"类型中的

"基本棱锥图"布局。更改布局或类型会改变信息的含义。例如,带有右向箭头的布局(如"流程"类型中的"基本流程"),其含义不同于带有环形箭头的 SmartArt 图形布局(如"循环"类型中的"连续循环")。箭头倾向于表示某个方向上的移动或进展,使用连接线而不使用箭头的类似布局则表示连接而不一定是移动。

用户可以快速轻松地在各个布局间切换,因此可以尝试不同类型的不同布局,直至找到一个最适合对信息进行图解的布局为止。可以参照表 3-3 尝试不同的类型和布局。切换布局时,大部分文字和其他内容、颜色、样式、效果和文本格式会自动带入新布局中。

2. 创建 SmartArt 图形

本文将插入图 3-151 所示的 SmartArt 图形,创建的操作步骤如下所述:

① 定位光标至需要插入图形的位置。

② 单击"插入"选项卡"插图"组中的"SmartArt"按钮,弹出"选择 SmartArt 图形"对话框。

③ 在"选择 SmartArt 图形"对话框中选择"层次结构"选项卡,选择"层次结构"选项。

④ 单击"确定"按钮,即可完成将图形插入到文档中的操作,如图 3-151 所示。

以图 3-152 为例,在 SmartArt 图形中输入文字的操作步骤如下所述:

① 单击 SmartArt 图形左侧的按钮,会弹出"在此处键入文字"的任务窗格。

② 在"在此处键入文字"任务窗格中输入文字,右边的 SmartArt 图形对应的形状部分则会出现相应的文字。

3. 修改 SmartArt 图形

默认的结构不能满足需要时,可在指定的位置添加形状。下面以图 3-152 为例,介绍添加形状的具体操作步骤:

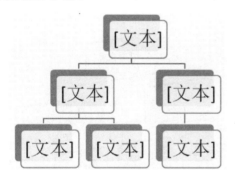

图 3-151　层次结构 SmartArt

图 3-152　"在此处键入文字"后的效果

① 插入 SmartArt 图形,并输入文字,选中需要插入形状位置相邻的形状,如本例选中内容为"副经理"的形状。

② 单击"SmartArt 工具|设计"选项卡"创建图形"组中的"添加形状"按钮,在弹出的下拉列表中单击"在下方添加形状"按钮,并在新添加的形状中输入文字"厂长",如图 3-153 所示。

4. 更改布局

用户可以调整整个的 SmartArt 图形或其中一个分支的布局,以图 3-153 为例,进行更改布局的具体操作步骤如下:

选中 SmartArt 图形，单击"SmartArt 工具|设计"选项卡"布局"组中的"层次结构列表"按钮，即可将原来属于"层次结构"的布局更改为"层次结构列表"，如图 3-154 所示。

图 3-153　添加了形状后的 SmartArt　　　　图 3-154　更改布局后的效果图

5. 更改 SmartArt 样式

以图 3-155 为例，更改 SmartArt 样式的具体操作步骤如下所述：

① 选中图 3-155 所示的 SmartArt 图形，单击"SmartArt 工具|设计"选项卡"SmartArt 样式"组中的"更改颜色"按钮，单击"彩色"列表的"彩色范围强调文字 4 至 5"按钮。

② 在"SmartArt 样式"列表框中单击"三维"列表的"砖块场景"按钮，更改样式后的效果如图 3-156 所示。

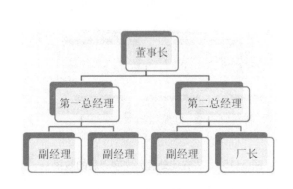

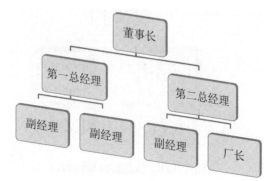

图 3-155　更改单元格级别　　　　　　　　图 3-156　更改样式

3.4.4　插入公式

在编辑科技性的文档时，通常需要输入数理公式，其中含有许多的数学符号和运算公式，Microsoft Word 2013 包括编写和编辑公式的内置支持，可以满足日常大多数公式和数学符号的输入和编辑需求。

Word 2013 以前的版本使用 Microsoft Equation 3.0 加载项或 MathType 加载项，在以前版本的

Word 中包含 Equation 3.0，在 Word 2013 中也可以使用此加载项；在以前版本的 Word 中不包含 MathType，但可以购买此加载项。如果在以前版本的 Word 中编写了一个公式并希望使用 Word 2013 编辑此公式，则需要使用先前编写此公式的加载项。

1. 插入内置公式

Word 内置了一些公式，供读者选择插入，具体操作步骤如下所述：将光标置于需要插入公式的位置，单击"插入"选项卡"符号"组中的"公式"下拉按钮，然后选择"内置"下拉列表中所需的公式。例如，选择"二次公式"，立即可在光标处插入相应的公式，如图 3-157 所示。

$$x = \frac{-b \pm \sqrt{b^2 - 4ac}}{2a}$$

图 3-157　内置公式示例

2. 插入新公式

如果系统的内置公式不能满足要求，用户可以插入自己编辑的公式来满足自己的个性化要求。

【例 3-11】按图 3-158 所示的样式，建立一个数学公式。

① 决定公式输入位置：光标定位，单击"插入"选项卡"符号"组中的"公式"下拉按钮，然后单击"内置"下拉列表中的"插入新公式"按钮，在光标处插入一个空白公式框，如图 3-159 所示。

② 选中空白公式框，Word 会自动展开"公式工具|设计"选项卡，如图 3-160 所示。

③ 先输入"A＝"，然后单击"公式工具|设计"选项卡"结构"组中的"极限和对数"按钮，在弹出的样式框中选择"极限"样式。

$$A = \lim_{X \to 0} \frac{\int_0^X \cos^2 dx}{X}$$

图 3-158　　数学公式　　　　　　　　　图 3-159　　空白公式框

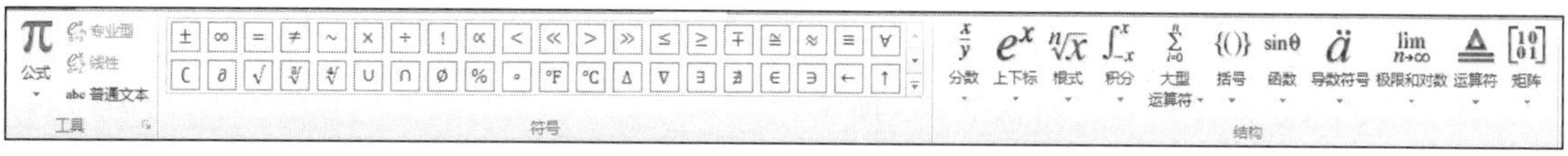

图 3-160　　"公式工具|设计"选项卡

④ 利用方向键，将光标定位在 lim 下边，输入 X→0，再将光标定位在右方。

⑤ 选择"公式工具→设计"选项卡"结构"组中的"分数"下拉列表中第一行第一列的样式，单击分母位置，输入 X，单击分子位置；选择"积分"下拉列表中第一行第二列的样式。分别单击积分符号的下标与上标，输入 0 与 X，移动光标到右侧。

⑥ 选择"结构"组"上下标"下拉列表中第一行第一列的样式，置位光标在底数输入框并输入 cos，置位光标在上标位置，输入 2。

⑦ 在积分公式右侧单击，输入 dx，完成输入。最后效果图如图 3-158 所示。

3. 公式框

公式框的显示方式可以通过单击公式框右下角的"公式选项"按钮，会弹出一个下拉列表，在下拉列表中选择公式为"专业型"还是"线性"或是"更改为内嵌"，如图 3-161 所示。

公式框的对齐同样可通过"公式选项"下拉列表，选择"两端对齐"级联菜单中的"左对齐""右对齐""居中"和"整体居中"对齐方式的一种。

4. 插入外部公式

在 Windows 10 操作系统中，增加了"数学输入面板"程序，利用该功能可手写公式并将其插入到 Word 文档中。插入外部公式的操作步骤如下所述：

① 定位光标在要输入公式的位置。

② 选择"开始"→"所有程序"→"附件数学"→"输入面板"命令，启动"数学输入面板"程序，利用鼠标手写公式。

③ 单击右下角的"输入"按钮，即可将编辑好的公式插入到 Word 文档中。

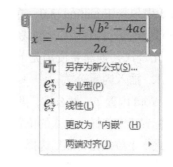

图 3-161　"公式选项"下拉列表

3.4.5　插入艺术字

艺术字具有特殊视觉效果，可以使文档的标题变得更加生动活泼。艺术字可以像普通文字一样设定字体、大小、字形，也可以像图形那样设置旋转、倾斜、阴影和三维等效果。

1. 插入艺术字

插入艺术字在文档中插入艺术字，可按如下步骤操作：

① 单击"插入"选项卡"文本"组中的"艺术字"按钮，会弹出 6 行 5 列的"艺术字"列表。

② 选择一种艺术字样式后，文档中出现一个艺术字图文框，将光标定位在艺术字图文框中，输入文本即可，如图 3-162 所示。

2. 插入繁体艺术字

① 先在文档中输入简体字符，选中相应字符，选择"审阅"选项卡，单击"中文简繁转换"组中的"简转繁"按钮。

② 选中繁体艺术字符，切单击"插入"选项卡"文本"组中的"艺术字"按钮，在其下拉列表中选择一种艺术字样式即可，如图 3-163 所示。

计算机文化基础（Windows 7）　　電腦文化基礎（Windows 7）

图 3-162　插入的艺术字 　　　　　　　　图 3-163　繁体字艺术字

3. 设置艺术字格式

文档中输入艺术字后，可以对插入的艺术字进一步设置。

方法 1：选中艺术字后，激活"绘图工具|格式"选项卡，按照前面所讲的设置文本框和形状及图片的操作，对艺术字进一步格式化处理，如图 3-164 所示。

图 3-164　"绘制工具|格式"选项卡

方法 2：利用"开始"选项卡"字体"组中的相关命令按钮，设置如字体、字号、颜色等格式。

3.4.6　插入超链接

超链接是将文档中的文字或图形与其他位置的相关信息链接起来。建立超链接后，单击文稿的超链接，就可跳转并打开相关信息。它既可跳转至当前文档或 Web 页的某个位置，亦可跳转至其他 Word 文档或 Web 页，或者其他项目中创建的文件，甚至可用超链接跳转至声音和图像等多媒体文件。

1. 自动建立的超链接

在文档中输入网址或电子邮箱地址，Word 2013 自动将其转换成超链接的形式。在连接网络的状态下，按住 Ctrl 键的同时，单击其中的网络地址，可打开相应网页；单击电子邮箱地址，可打开 Outlook，收发邮件。

用户也可以将这种自动转换超链接的功能关闭。操作步骤如下所述：

① 通过"Word 选项"对话框，单击"校对"选项卡的"自动更正选项"按钮。

② 在"自动更正"对话框，选择"键入时自动套用格式"选项卡，取消选中"Internet 及网络路径替换为超链接"复选框。

③ 单击"确定"按钮。

2. 插入超链接

在文档中插入超链接，可按如下步骤操作：

① 选择要作为超链接显示的文本或图形对象，或把光标设置在要插入超链接的字符后面。

② 单击"插入"选项卡"链接"组中的"超链接"按钮，或者右击后在弹出的快捷菜单选择"超链接"命令。

③ 在弹出图 3-165 所示的"插入超链接"对话框中，选择超链接的相关对象。例如，本例选择"D 盘"的"课程设计报告"的文件为超链接，单击"确定"按钮。

④ 已设置的超链接的显示：被选择的文稿段变为蓝色。

光标定位的超链接的文稿位置：在光标处显示超链接的目标。

⑤ 单击超链接目标，即可打开该超链接目标。

图 3-165　"插入超链接"对话框

3. 取消超链接

要取消超链接，可按如下步骤操作：

右击要更改的超链接，在弹出的快捷菜单中选择"取消超链接"命令。

3.4.7　插入书签

Word 提供的"书签"功能，主要用于标识所选文字、图形、表格或其他项目，以便以后引用或定位。

文稿的书签功能必须在计算机显示环境下才能实现。

1. 添加书签

要使用书签，必须先在文档中添加书签，可按如下步骤操作：

① 若要用书签标记某项（如文字、表格、图形等），则选择要标记的项，如选择一段文字。

若要用书签标记某一位置，则单击要插入书签的位置。

② 单击"插入"选项卡"链接"组中的"书签"按钮。

③ 弹出"书签"对话框，在"书签名"文本框中，输入书签的名称，如图 3-166 所示，单击"添加"按钮。

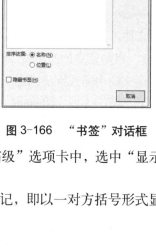

图 3-166 "书签"对话框

2. 显示书签

默认状态下，Word 的书签标记是隐藏起来的，如果要将文档中的书签标记显示出来，可打开"Word 选项"对话框，在"高级"选项卡中，选中"显示文档内容"下的"显示书签"选项，单击"确定"按钮即可。

设置上述选项后，默认状态下，添加的书签在文档中以书签标记，即以一对方括号形式显示出来。

3. 使用书签

在文档中添加了书签后，就可以使用书签了，有两种方法可跳转到所要使用书签的位置。

方法 1：查找定位法。单击"开始"选项卡"编辑"组中的"查找"下拉按钮，在弹出的下拉列表中，单击"转到"按钮，弹出"查找和替换"对话框，选择"定位"选项卡，如图 3-167 所示。

方法 2：对话框法。在"插入"选项卡中单击"链接"组中的"书签"按钮，弹出"书签"对话框，选中需要定位的书签名称，然后单击"定位"按钮，如图 3-168 所示。

4. 删除书签

若不再需要一个书签，可以将它删除，可按如下步骤操作：

① 单击"插入"选项卡"链接"组中的"书签"按钮。

图 3-167　书签定位方法 1

图 3-168　书签定位方法 2

② 在弹出的"书签"对话框中，选择要删除的书签名，然后单击"删除"按钮。

3.4.8　插入表格

在编辑的文档中，使用表格是一种简明扼要的表达方式。它以行和列的形式组织信息，结构严谨，效果直观。往往一张简单的表格就可以代替大篇的文字叙述，所以在各种科技、经济等文章和书刊中越来越多地使用表格。

在文档中插入表格后，会增加"表格工具"选项卡，下面有设计和布局两个选项，分别有不同的功能。

1. 表格工具概述

图 3-169 所示为"表格工具|设计"选项卡，有"表格样式选项""表格样式""绘图边框"3 个组，"表格样式"内置 141 个表格样式，提供了方便绘制表格及设置表格边框和底纹的命令。

图 3-169　"表格工具|设计"选项卡

图 3-170 所示为"表格工具|布局"选项卡，有"表""行和列""合并""单元格大小""对齐方式""数据"6 个组，主要提供了表格布局方面的功能。例如，在"表"组中可以方便地查看与定位表对象，在"行和列"组中则可以方便地在表的任意行（列）的位置增加或删除行（列），"对齐方式"组提供了文字在单元格内的对齐方式、文字方向等。

图 3-170　"表格工具|布局"选项卡

2. 建立表格和表格样式

使用"插入"选项卡"表格"组中的"表格"按钮建立表格，建立表格的方法有 4 种。

方法 1（拖拉法）：定位光标到需要添加表格处，单击"表格"组中的"表格"按钮，在弹出的下拉列表中，拖拉鼠标设置表格的行列数目，这时可在文档预览到表格，释放鼠标即可在光标处按选中的行列数增添一个空白表格，如图 3-171 所示。这种方法添加的最大表格为 10 列 8 行。

方法 2（对话框法）：在图 3-171 中，单击"插入表格"按钮，在弹出的"插入表格"对话框中按需要输入"列数"和"行数"的数值及相关参数，单击"确定"按钮即可插入一空白表格，如图 3-172 所示。

方法 3（绘制法）：通过手动绘制方法来插入空白表格。

在图 3-171 中，单击"绘制表格"按钮，鼠标指针会转成铅笔状，可以在文档中任意绘制表格，而且这时候系统会自动展开"表格工具|设计"选项卡，可以利用其中的命令按钮设置表格边框线或擦除绘制错误的表格线等。

方法 4（组合符号法）：将光标定位在需要插入表格处，输入一个"＋"号（代表列分隔线），然后输入若干个"－"号（号越多代表列越宽），再输入一个"＋"号和若干个"－"号，如图 3-173 所示。最后再输入一个"＋"号，然后按 Enter 键，如图 3-174 所示，一个一行多列的表格即插入到文档中。

图 3-171　"表格"下拉列表

图 3-172　"插入表格"对话框

图 3-173　用组合符号插入表格

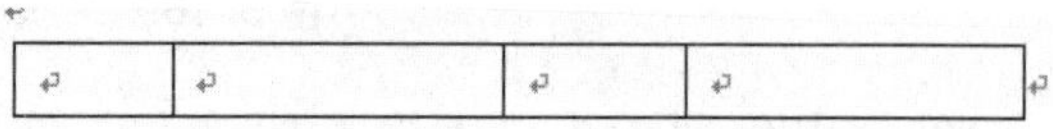

图 3-174　组合符号法插入的表格

3. 单元格的合并与拆分

对于一个表格，有时需要把同一行或同一列中两个或多个单元格合并起来，或者把一行或一列的一个或多个单元格拆分为更多的单元格。

合并单元格，可按如下步骤操作：

选择要合并的多个单元格，如图 3-175 所示，选择"表格工具|布局"选项卡，单击"合并"组中的"合并单元格"按钮即可。也可以同时选中多个单元格，右击，在弹出的快捷菜单选择"合并单元格"命令。结果如图 3-176 所示。

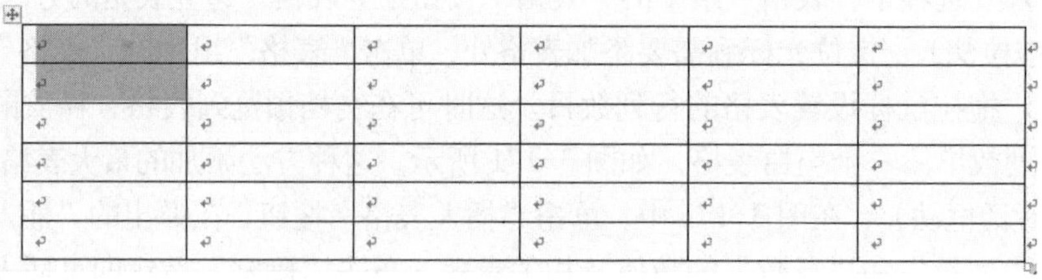

图 3-175　选择要合并的单元格

拆分单元格，可按如下步骤操作：

① 选择要拆分的单元格，如图 3-177 所示。

② 选择"表格工具|布局"选项卡，单击"合并"组中的"拆分单元格"按钮，在弹出的"拆分单元格"对话框中，输入要拆分的列数和行数，如图 3-178 所示。单元格拆分后的效果如图 3-179 所示。

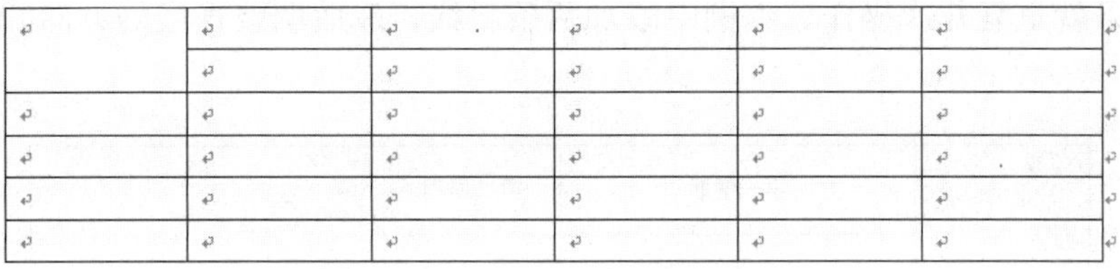

图 3-176 合并单元格后的效果

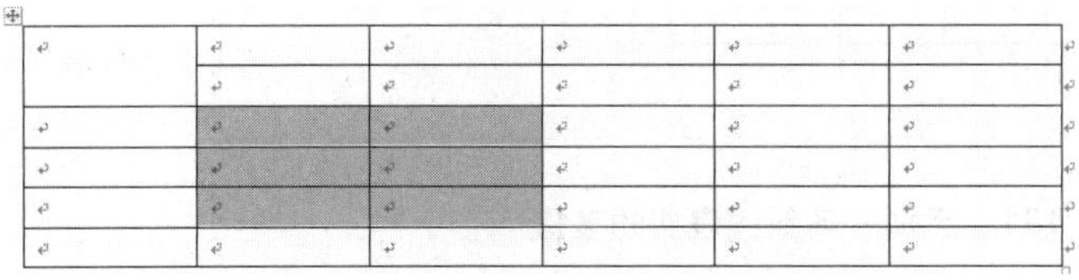

图 3-177 选择要拆分的单元格 图 3-178 "拆分单元格"对话框

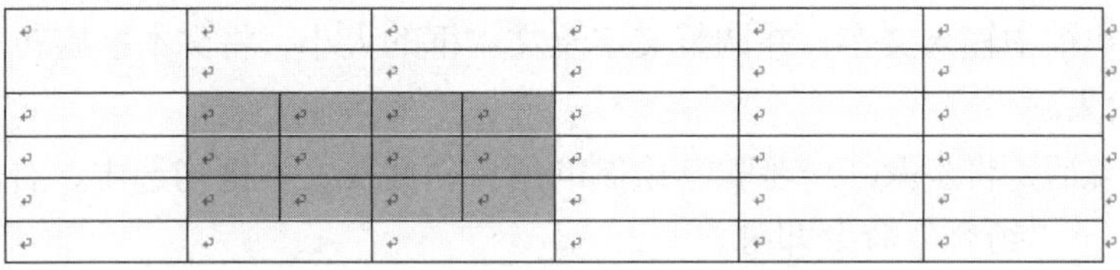

图 3-179 拆分单元格后的效果

4. 插入斜线

有时为了更清楚地指明表格的内容，常常需要在表头中用斜线将表格中的内容按类别分开。在表头的单元格内制作斜线，可按如下步骤操作：

① 将光标置于要制作斜线的单元格中（一般是表格的左上角单元格）。

② 单击"表格工具|设计"选项卡"表格样式"组中的"边框"按钮。

③ 在弹出的"边框"下拉列表中，只有两种斜线框线可供选择，这里选择"斜下框线"命令，如图 3-180 所示。

④ 此时可看到已给表格添加斜线，向表格输入"成绩"并连续按两次 Enter 键，取消最后一次前的空格符，并输入"科目"，完成斜线表头的绘制，表头的效果如图 3-181 所示。

实际上可在表格任何单元格插入斜线和写字符，如果表头斜线有多条，在 Word 2013 中的绘制就显得更复杂，必须经过绘制自选图形直线及添加文本框的过程，具体操作步骤如下所述：

① 将光标置于要制作斜线的单元格中（一般是表格的左上角单元格）。

② 单击"插入"选项卡"插图"组中的"形状"按钮。

③ 在弹出的"形状"下拉列表中单击"直线"按钮，这时鼠标指针变成＋字状，在选中的表头单元格内根据需要绘制斜

图 3-180 "边框"下拉列表

线，斜线有几条就重复几次操作，本例中添加两条斜线，最后调整直线的方向和长度以适应单元格大小。

成绩 / 科目	第一学期				第二学期	
高等数学						
大学语文						
应用文写作						
计算机应用基础						

图 3-181　添加一条斜线表头的表格

④ 为绘制好斜线的表头添加文本框：单击“插入”选项卡“插图”组中的“形状”按钮，在弹出的“形状”下拉列表中单击“文本框”按钮，重复此操作，在斜线处添加 3 个文本框。

⑤ 在各个文本框中输入文字，并调整文字及文本框的大小，将文本框旋转一个适当的角度以达到最好的视觉效果。

⑥ 调整好外观后，将步骤③～步骤⑤绘制的所有斜线及文本框均选中，右击，在弹出的对话框中选择“组合”→“组合”命令即可。

5. 输入表格的标题、图片和表格格式化

建立表格的框架后，就可以在表格中输入文字或插入图片。在表格中输入字符时，表格有自适应的功能，即输入的字符大于列宽，行宽也不能满足要求时，表格会自动增大行的高度。需要在表格外输入表标题，表标题的输入如下所述：将鼠标指针移向表格左上角的标志符，按住鼠标左键向下拖动一行，然后在表头的空白行中输入表标题，如图 3-182 所示。

需要在表格中插入图片时，单击表格中需要插入图片的单元格，单击“插入”选项卡“插图”组中“图片”按钮即可完成操作。图片的尺寸大小可能与单元格的大小不相符，可以单击图片，再拖动图片四周的控点，调整到合适的大小，如图 3-182 所示。

成绩报告表

成绩 / 科目	第一学期				第二学期		
	期中		期末		期中		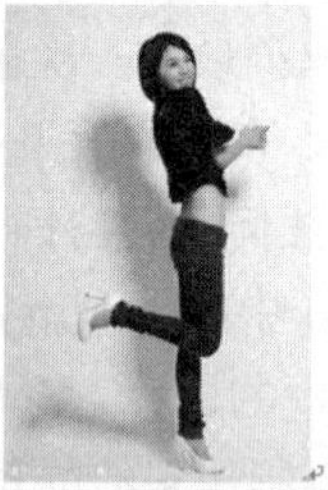
高等数学							
大学语文							
应用文写作							
计算机应用基础							

图 3-182　输入表格的内容

6. 调整表格列宽与行高

修改表格的其中一项工作是调整它的列宽和行高，下面介绍几种调整列宽和行高的方法。

1）用鼠标拖动

这是最便捷的调整方法，可按如下步骤操作：

① 把光标移到要改变列宽的列边框线上，鼠标指针变成 ┼ 形状，如图 3-183 所示，按住左键拖动。

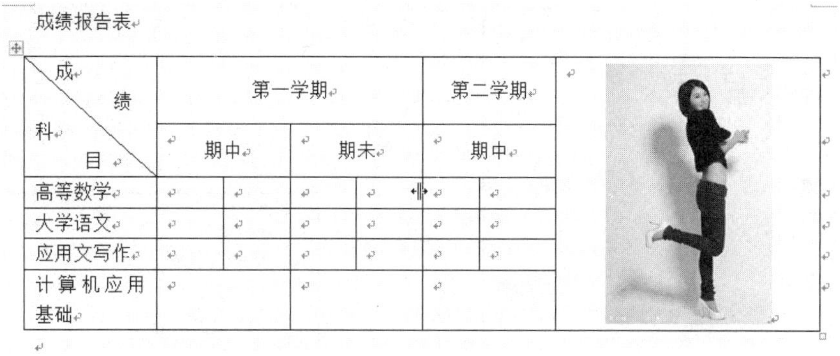

图 3-183　用鼠标改变列宽

② 释放鼠标即可改变列宽。如果要调整表格的行高，将鼠标指针移到行边框线上，鼠标的指针将变成 ┿ 形状，按住鼠标左键拖动即可。

2）用"表格属性"对话框

用"表格属性"对话框能够精确设置表格的行高或列宽，可按如下步骤操作：

① 选择要改变"列宽"或"行高"的列或行。

② 右击，在弹出的快捷菜单中选择"表格属性"命令，弹出"表格属性"对话框，选择"列"或"行"选项卡，然后在"指定宽度"或"指定高度"文本框中，输入宽度或高度的数值，如图 3-184 所示。

3）用"自动调整"选项

如果想调整表格各列（行）的宽度，可按如下步骤操作：

① 选择表格中要平均分布的列（行）。

② 单击，在弹出的快捷菜单中选择"平均分布各列（行）"命令即可，如图 3-185 所示。在图 3-185 中，可看到里面有个"自动调整"选项，有"根据内容调整表格""根据窗口调整表格""固定列宽"3 个命令用于自动调整表格的大小。

4）增加或删除表格的行与列

在表格的编辑中，行与列的增加或删除有两种方法可以实现。

方法 1：可以使用快捷菜单命令来实现。

例如，删除表格的行，可按如下步骤操作：

① 选择表格中要删除的行。

② 右击，在弹出的快捷菜单中选择"删除单元格"命令。

③ 在弹出的"删除单元格"对话框中选择"删除整行"单选按钮，如图 3-186 所示。

如果删除的是表格的列，则选中要删除的列，右击，在对话框中选择"删除整列"命令即可。

方法 2：利用"表格工具→布局"选项卡来完成。

图 3-184 "表格属性"对话框

图 3-185 "自动调整"级联菜单

例如，删除表格的行，可按如下步骤操作：

① 选择表格中要删除的行，激活"表格工具|布局"选项卡。

② 单击"布局"选项卡"行和列"组中的"删除"按钮。

③ 在弹出的"删除"下拉列表中，单击"删除行"按钮即可，如图 3-187 所示。

图 3-186 "删除单元格"对话框　　图 3-187 "删除"下拉列表

若要增加表格的行或列，可按如下步骤操作：

① 选择表格中要增加行（列）位置相邻行（列），激活"表格工具|布局"选项卡。

② 单击"布局"选项卡"行和列"组中的"在上方插入"（在左侧插入）按钮，则会在步骤①选中的行（列）的上方（左方）插入一行（列）；如果选中的是多行（列），那么插入的也是同样数目的多行（列）。

5）表格与文本的转换

在 Word 中可以利用"布局"选项卡"数据"组中的"转换为文本"按钮，如图 3-188 所示，方便地进行表格和文本之间的转换，这对于使用相同的信息源实现不同的工作目标是非常有益的。

7. 将表格转换成文本

① 将光标置于要转换成文本的表格中，如图 3-189 所示，或选择该表格，会激活"表格工具 | 布局"选项卡。

图 3-188　表格的转换功能

高等数学	70	50	90	85	75
大学语文	95	85	72	63	73
应用文写作	85	95	63	55	83

图 3-189　表格

② 单击"布局"选项卡"数据"组中的"转换为文本"按钮。

③ 在弹出的"表格转换成文本"对话框中，如图 3-190 所示，选择一种文字分隔符，默认是"制表符"，单击"确定"按钮，即可将表格转换成文本，如图 3-191 所示。

图 3-190　"表格转换为文本"对话框

高等数学　　70　　50　　90　　85　　75
大学语文　　95　　85　　72　　63　　73
应用文写作　85　　95　　63　　55　　83

图 3-191　转换成文本

在"表格转换成文本"对话框中提供了 4 种文本分隔符选项，下面分别介绍其功能：

段落标记：把每个单元格的内容转换成一个文本段落。

制表符：把每个单元格的内容转换后用制表符分隔，每行单元格的内容形成一个文本段落。

逗号：把每个单元格的内容转换后用逗号分隔，每行单元格的内容形成一个文本段落。

其他字符：在对应的文本框中输入用作分隔符的半角字符，每个单元格的内容转换后用输入的字符分隔符隔开，每行单元格的内容形成一个文本段落。

8. 将文字转换成表格

也可以将用段落标记、逗号、制表符或其他特定字符分隔的文字转换成表格，可按如下步骤操作：

① 选择要转换成表格的文字，这些文字应类似图 3-191 所示的格式编排。

② 单击"插入"选项卡的"表格"组中的"表格"按钮。

③ 在弹出的"表格"下拉列表中单击"文本转换为表格"按钮。

④ 在弹出的"将文字转换成表格"对话框输入相关参数，如在"文字分隔位置"下选择当前文本所使用的分隔符，默认是"制表符"，如图 3-192 所示，单击"确定"按钮，即可将文字转换成表格。

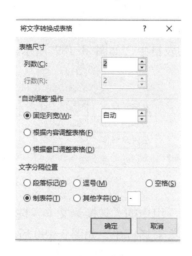

图 3-192　"将文字转换成表格"对话框

3.4.9　插入图表

Word 可以插入类型多样的图表，利用"插入"选项卡"插图"组中的"图表"按钮可以完成图表的插入，这一节知识点与 Excel 图表相同，具体内容与操作步骤将在 Excel 详细讲述，这里不再赘述。

3.5　长文档编辑

通过之前的学习，读者可基本掌握文稿的输入、编辑、格式化和各元素的插入方式。长文稿在完成以上工作后，为了便于读者的阅读，需要在文稿中加入页码、页眉和页脚、脚注和尾注，最重要的是必须编辑目录，以方便对本文稿进行阅读。本节介绍文稿的主题、添加页码、页眉和页脚、脚注和尾注、目录和索引的操作，希望读者能掌握。

主题、页码、页眉和页脚、脚注和尾注、目录等操作在长文稿中属于文稿编辑过程中的最后修饰，应注意保护文稿的完整性。

3.5.1　为文档应用主题效果

文档主题是一组格式选项，包括一组主题颜色、一组主题字体（包括标题字体和正文字体）和一组主题效果（包括线条和填充效果）。应用主题可以更改整个文档的总体设计，包括颜色、字体、效果。

文档主题设置是在"页面布局"选项卡"主题"组中进行的，如图 3-193 所示。

Word 2013 提供了许多内置的文档主题，用户可以直接应用系统提供的内置主题，也可以通过自定义并保存文档主题来创建自己的文档主题。

1. 应用主题

【例 3-12】请按 Word 2013 系统内置主题效果的"行云流水"设置文档"十九大报告.docx"的文档主题格式。

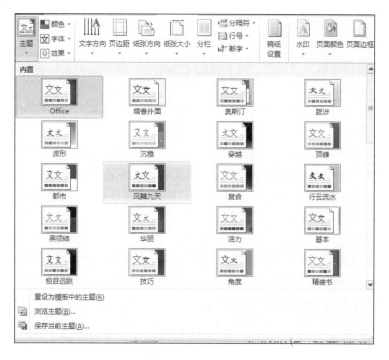

图 3-193　主题设置

① 打开原始文件"十九大报告.docx",单击"页面布局"选项卡"主题"组中的"主题"按钮。

② 在弹出的"主题"下拉列表中,可以看到系统提供了多个内置主题,本例选择内置主题的"Office"。

此时可看到,"十九大报告.docx"文档应用了所选主题的效果,如图 3-194 所示。

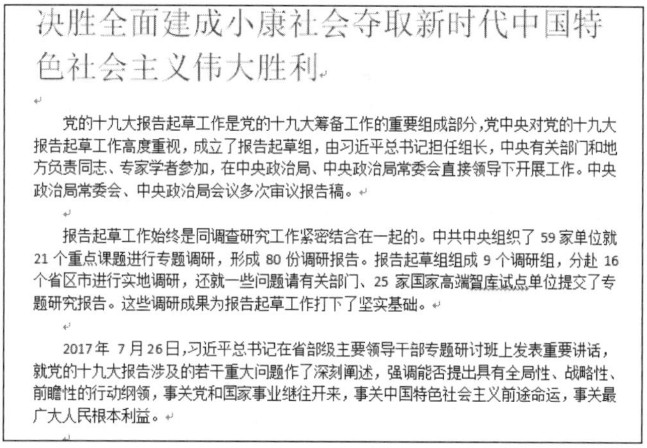

> **决胜全面建成小康社会夺取新时代中国特色社会主义伟大胜利。**
>
> 　　党的十九大报告起草工作是党的十九大筹备工作的重要组成部分,党中央对党的十九大报告起草工作高度重视,成立了报告起草组,由习近平总书记担任组长,中央有关部门和地方负责同志、专家学者参加,在中央政治局、中央政治局常委会直接领导下开展工作。中央政治局常委会、中央政治局会议多次审议报告稿。
>
> 　　报告起草工作始终是同调查研究工作紧密结合在一起的。中共中央组织了 59 家单位就 21 个重点课题进行专题调研,形成 80 份调研报告。报告起草组组成 9 个调研组,分赴 16 个省区市进行实地调研,还就一些问题请有关部门、25 家国家高端智库试点单位提交了专题研究报告。这些调研成果为报告起草工作打下了坚实基础。
>
> 　　2017 年 7 月 26 日,习近平总书记在省部级主要领导干部专题研讨班上发表重要讲话,就党的十九大报告涉及的若干重大问题作了深刻阐述,强调能否提出具有全局性、战略性、前瞻性的行动纲领,事关党和国家事业继往开来,事关中国特色社会主义前途命运,事关最广大人民根本利益。

图 3-194　应用主题后的文档

2. 自定义主题

1) 自定义主题字体及颜色

【例 3-13】创建一个主题字体"淡雅",中文标题字体为"楷体",正文字体为"幼圆"。

　　① 打开"新建主题字体"对话框。单击"页面布局"选项卡"主题"组中的"字体"按钮，在弹出的下拉列表单击"新建主题字体"按钮。

　　② 弹出"新建主题字体"对话框，设置新的字体组合，如本例中文标题字体为"楷体"，正文字体为"幼圆"。

　　③ 为新建主题字体命名。在"新建主题字体"对话框的"名称"栏中输入"淡雅"。

　　④ 单击"保存"按钮。

　　此时，可发现新建的主题字体"淡雅"出现在"字体"下拉列表的"自定义"库中。

　　类似的，利用例 3-13 的方法可以创建自定义主题颜色。单击"页面布局"选项卡"主题"组中的"颜色"→"新建主题颜色"按钮，在弹出的"新建主题颜色"对话框对主题颜色进行设置，然后为新建的主题颜色命名即可。

　　2）选择一组主题效果

　　主题效果是线条和填充效果的组合，用户可以选择想要在自己的文档主题中使用的主题效果。单击"页面布局"选项卡"主题"组中的"效果"按钮，即可在与"主题效果"名称一起显示的图形中看到用于每组主题效果的线条和填充效果。

　　3）保存文档主题

　　可将对文档主题的颜色、字体或线条及填充效果所做的更改保存为可应用于其他文档的自定义文档主题，具体操作步骤如下所述：

　　① 单击"页面布局"选项卡"主题"组中的"主题"按钮。

　　② 在弹出的下拉列表中单击"保存当前主题"按钮。

　　③ 在"文件名"文本框中，为该主题键入适当的名称，单击"保存"按钮。

3.5.2　页码

　　页码用来表示每页在文档中的顺序编号，在 Word 中添加的页码会随文档内容的增删而自动更新。

　　1. 插入页码的方法

　　① 单击"插入"选项卡"页眉和页脚"组中的"页码"按钮。

　　② 在弹出的"页码"下拉列表中，设置页码在页面的位置和"页边距"，如图 3-195 所示。

　　如果要更改页码的格式，则单击"页码"下拉列表的"设置页码格式"按钮，在弹出的"页码格式"对话框中选择页码的格式，如图 3-196 所示。

　　除了可以使用命令按钮将页码插入到页面中，也可以作为页眉或页脚的一部分，在页眉或页脚设置过程中添加页码。操作步骤如下所述：

　　① 进入页眉/页脚编辑状态，将光标定位在页眉的合适位置。

　　② 单击"页眉和页脚工具|设计"选项卡"页眉和页脚"组中的"页码"下拉按钮，在弹出的下拉列表中，展开"当前位置"选项，选择一种合适的页码样式即可。

　　当然，利用该下拉列表中相关的命令，还可以进一步设置页码格式。

　　2. 删除页码

　　若要删除页码，单击"插入"选项卡"页眉和页脚"组中的"页码"按钮，在弹出的下拉列表中单击"删除页码"按钮即可。

如果页码是在页眉/页脚处添加的，双击页眉或页脚编辑区进入页眉/页脚编辑状态，选中页码所在的文本框，按 Delete 键即可。

图 3-195 "页码"下拉列表

图 3-196 "页码格式"对话框

3.5.3 目录与索引

1. 建立目录

目录是长文稿必不可少的组成部分，由文章的章、节的标题和页码组成，如图 3-197 所示。为文档建立目录，建议最好利用标题样式，先给文档的各级目录指定恰当的标题样式。

① 将文档中作为目录的内容设置为标题样式，将第一级标题"第 3 章"设置为"标题 1"样式，第二级标题"3.1""3.2"等设置为"标题 2"样式，第三级标题"3.1.1""3.1.2""3.2.1"等设置为"标题 3"样式。

② 将光标移动到要插入目录的位置，如文档的首页。

③ 单击"引用"选项卡"目录"组中的"目录"按钮。

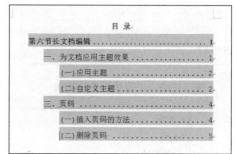

图 3-197 建立目录示例

④ 在弹出的"目录"下拉列表中，选择"自动目录 1"或"自动目录 2"选项，如图 3-198 所示，即可在光标处插入目录。

2. 自定义目录

如果觉得内容的目录样式不能满足要求，用户可以自定义目录样式。自定义目录样式的操作步骤如下所述：

① 将文档中作为目录的内容设置为标题样式，将第一级标题"第 3 章"设置为"标题 1"样式，第二级标题"3.1""3.2"等设置为"标题 2"样式，第三级标题"3.1.1""3.1.2""3.2.1"等设置为"标题 3"样式。

② 将光标移动到要插入目录的位置，如文档的首页。

③ 单击"引用"选项卡"目录"组中的"目录"按钮。

④ 在弹出的"目录"下拉列表中单击"自定义目录"按钮，弹出"目录"对话框，如图 3-199 所示。设置目录的格式，如"古典""优雅""流行"等，默认是"来自模板"，还可以设置显示级别，如图 3-197 所示的三级目录结构，"显示级别"应该设置为 3。习惯上，还应该选中"显示页码"复选框、设置"制表符前导符"等。单击"选项"按钮和"修改"按钮，分别在弹出的"目录选项"对话框（见图 3-200）和"样式"对话框（见图 3-201）中根据用户需要，修改目录的格式和样式。

⑤ 完成修改后单击"确定"按钮，即可在光标处插入一个自定义的目录。

图 3-198　"目录"下拉列表

图 3-199　"目录"对话框

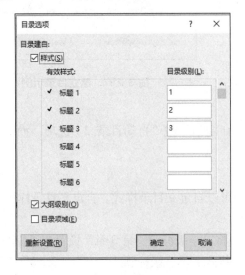

图 3-200　"目录选项"对话框

图 3-201　"样式"对话框

3. 索引

在文档中建立索引，就是将需要标示的字词列出来，并注明它们的页码，以方便查找，建立索引主要包含两个步骤：一是对需要创建索引的关键词进行标记，即告诉 Word 哪些关键词参与索引的创建；二是打开"标记索引项"对话框，输入要作为索引的内容并设置好索引的相关格式。

标记索引项的操作步骤如下所述：

① 选择要建立索引项的关键字，如以"春季"为索引项。

② 单击"引用"选项卡"索引"组中的"标记索引项"按钮，弹出"标记索引项"对话框。

③ 在"主索引项"文本框中看到上面选择的字词"春季"，如图 3-202 所示，在该对话框可进行相关格式的设置（一般可以直接采用默认的格式）。

④ 单击"标记索引项"对话框的"标记"按钮，这时，文档中被选择的关键字旁边，添加了一个索引标记："{XE ‖ 春季 ‖ }"；如果单击"标记全部"按钮，即可将文档中所有的"春季"字符标记为索引。

⑤ 如果还有其他需要建立索引项的关键字，可不关闭"标记索引项"对话框，继续在文档编辑窗口中选择关键字，直至所有关键字选择完毕。

注意：文档中显示出的索引标记，不会被打印出来。

在"索引"选项卡中，可设置"格式"、"类型"或"栏数"等，然后单击"确定"按钮，如 3-203 所示。

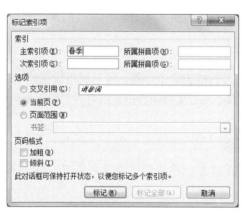

图 3-202　"标记索引项"对话框

图 3-203　"索引"对话框

3.6　实践操作

【素材 1】

网络通信协议

所谓网络通信协议是指网络通信的双方进行数据通信所约定的通信规则，如何时开始通信、如何组织通信数据以使通信内容得以识别、如何结束通信等。这如同在国际会议上，必须使用一种与会者都能理解的语言（如英语、世界语等），才能进行彼此的交谈沟通。

排版要求：

① 将标题"网络通信协议"设置为三号黑体、红色、加粗、居中。

② 在素材中插入一个三行四列的表格，并键入各列表头及两组数据，设置表格中文字对齐方式为水平居中，字体为五号、红色、隶书。

姓名	英语	语文	数学
李二	62	50	56
张三	45	71	61

③ 在表格的最后一列增加一列，设置不变，列标题为"平均成绩"。

④ 用 Word 中提供的公式计算各考生的平均成绩并插入相应单元格内。

【素材 2】

如今一提起人文素养、阅读与写作，大家总以为是"虚"的东西，是"无用"的摆设。其实恰恰相反，"虚"中有实，"无用"之大用正是语文素养、人文知识的妙用和威力。现在的语文教育现状是很让人着急的。

道理虽是这么说，但在"满城尽吹选秀风，超女快男闹哄哄"的背景下，还有多少人相信语文对人生的作用呢?在一些擅长搞热闹和花哨、大谈素质教育的校长和老师们眼中，培养语文素养，显然还不如让学生玩几样乐器、唱唱歌、跳跳舞来得实在。

我们的社会骨子里还存在着很深的"重理轻文"偏见，我们的教育生态环境是失衡的。与其大谈特谈素质教育，还不如首先提高目前中国学生并不乐观的语文素养。而且，对整个中华民族来说，语文水平的提高更是国家文明进步的标志。

排版要求：

① 将文字段落添加蓝色底纹，左右各缩进 18 cm、首行缩进 2 个字符，段后间距设置为 16 磅。

② 在素材中插入一个三行五列的表格，输入各列表头，并设置两组数据表格对齐方式为水平居中。

【素材 3】

罕见的暴风雨

我国有一句俗语"立春打雷"，也就是说只有到了立春以后我们才能听到雷声。那如果我告诉你冬天也会打雷，你相信吗?

1990 年 12 月 21 日 12 时 40 分，沈阳地区飘起了小雪，到了傍晚，雪越下越大，铺天盖地。17 时 57 分，一道道耀眼的闪电过后，响起了隆隆的雷声。这雷声断断续续，一直到 18 时 15 分才终止。

排版要求：

① 将标题改为粗黑体、三号、居中。

② 将除标题以外的所有正文加方框边框。

③ 添加左对齐页码（格式为"a，b，c…"，位置在页脚）。

【素材 4】

中国共产党第十九次全国代表大会，是在全面建成小康社会决胜阶段、中国特色社会主义进入新时代的关键时期召开的一次十分重要的大会。

　　不忘初心，方得始终。中国共产党人的初心和使命，就是为中国人民谋幸福，为中华民族谋复兴。这个初心和使命是激励中国共产党人不断前进的根本动力。全党同志一定要永远与人民同呼吸、共命运、心连心，永远把人民对美好生活的向往作为奋斗目标，以永不懈怠的精神状态和一往无前的奋斗姿态，继续朝着实现中华民族伟大复兴的宏伟目标奋勇前进。

　　排版要求：

　　① 在正文第一段开始处插入一张剪贴画，加 0.5 磅实心双实线边框，将环绕方式设置为"四周型"，左对齐。

　　② 第二段分为三栏，第一栏宽为 3 cm，第二栏宽为 4 cm，栏间距均为 0.75 cm，栏间加分隔线。

　　③ 第二段填充灰色－15%底纹。

单元 4

Excel 2013 电子表格软件

- 掌握 Excel 2013 的基本功能。
- 掌握 Excel 2013 的公式函数。
- 掌握 Excel 2013 的数据透视功能。
- 掌握 Excel 2013 的图表功能

Excel 2013 主要应用于会计、预算、账单和销售、报表、计划、跟踪、使用日历等。

本章通过 Excel 基本操作、学生成绩单、Excel 图表，公司表格 4 个实例，详细讲解了电子表格的制作与设计技巧。

4.1 Excel 2013 的工作界面与基本操作

4.1.1 Excel 2013 的启动与退出

1. Excel 2013 的启动

Excel 2013 正常安装后，用户可以通过以下两种方式来启动：

① 双击桌面上的快捷图标。

② 选择"开始"|"程序"|"Microsoft office"|"Microsoft Excel 2013"命令，如图 4-1 所示。

2. Excel 2013 的退出

成功打开了 Excel 2013 之后，可以用以下方式关闭编辑中的工作簿，或关闭 Excel 2013 软件，如图 4-2 所示。

图 4-1　Excel 2013 的启动

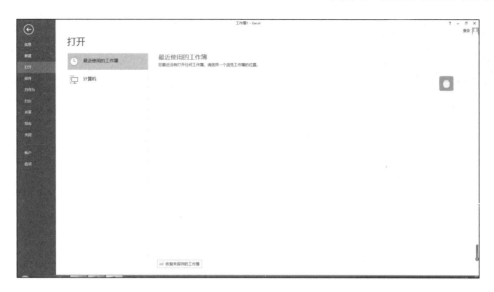

图 4-2　Excel 2013 的退出

① 单击工作界面右上方的"关闭"按钮可以直接关闭 Excel 2013 软件。

② 选择"文件"｜"关闭"命令，可以关闭当前正在编辑中的工作表格。

4.1.2　Excel 2013 的工作界面

成功启动 Excel 2013 之后，会看到 Excel 2013 的工作界面。Excel 2013 工作界面分为"标题栏""功能区""编辑栏""工作簿编辑区"和"状态栏"5 个部分，如图 4-3 所示。

1. 标题栏

Excel 2013 的"标题栏"位于界面的最顶部，"标题栏"上包含软件图标、快速访问工具栏、当前工作簿的文件名称和软件名称。

① 软件图标。单击"软件图标"会弹出一个用于控制 Excel 2013 窗口的下拉菜单。在标题栏的其他位置右击同样会弹出这个菜单，主要包括 Excel 2013 窗口的"还原""移动""大小""最小化""最大化"和"关闭"6 个常用命令，如图 4-4 所示。

② 快速访问工具栏。快速访问工具栏主要集中用户在 Excel 2013 中的常用命令，方便用户快速编辑工作簿，包括"新建""打开""保存""电子邮件""快速打印""打印预览和打印""拼写检查""撤销""恢复""升序排序""降序排序""打开最近使用过的文件""其他命令"和"在功能区下方显示"，如图 4-5 所示。

③ 新建。单击该按钮可以新建一个空白 Excel 文档。

④ 打开。单击该按钮可以弹出"打开"对话框，如图 4-6 所示。在该对话框中可以选择要打开的文件夹或文件。

⑤ 保存。单击该按钮可以弹出"另存为"对话框，如图 4-7 所示。在该对话框中可以选择当前工作簿保存的位置。

⑥ 电子邮件。单击该按钮可以将工作簿以电子邮件方式发送。

⑦ 快速打印。单击该按钮可以直接开始打印 Excel 文档。

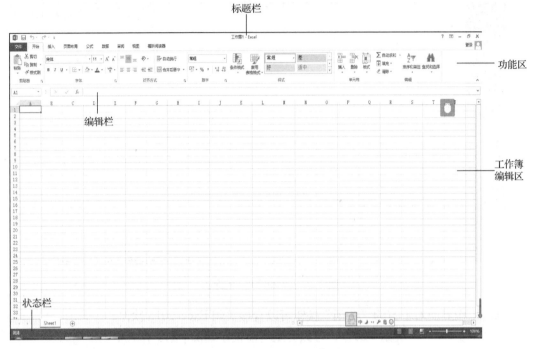

图 4-3　Excel 2013 的界面

图 4-4　窗口的控制菜单

图 4-5　"自定义快速访问工具栏"下拉列表

⑧ 打印预览和打印。单击该按钮可以看到 Excel 文档的打印预览与设置。

⑨ 拼写检查。单击该按钮可以自动检查当前编辑工作簿的拼写与语法错误。

⑩ 撤销。单击该按钮可以撤销最近一步的操作。

⑪ 恢复。每单击一次该按钮，可以恢复最近一次的撤销操作。

⑫ 升序/降序排序。单击该按钮可以将所选内容排序，将最大值列于列的末/顶端。

打开最近使用过的文件。单击该按钮可以打开最近一段时间使用过的文件。

2. 功能区

"功能区"位于标题栏下方，包含"文件""开始""插入""页面布局""公式""数据""审阅""视图"7 个主选项卡，如图 4-8 所示。

 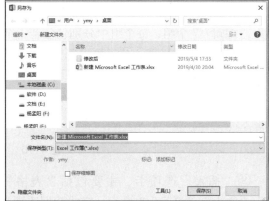

图 4-6　"打开"对话框　　　　　　　　图 4-7　"另存为"对话框

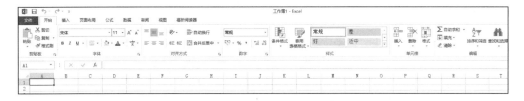

图 4-8　Excel 2013 功能区

①"文件"选项卡。与早期 Excel 版本的"文件"选项卡类似，主要包括"保存""另存为""打开""关闭""信息""最近所用文件""新建""打印""保存并发送""帮助""选项""退出"12 个常用命令，如图 4-9 所示。

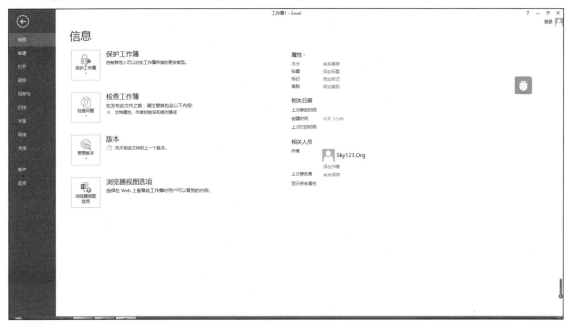

图 4-9　"文件"选项卡

②"开始"选项卡。主要包括"剪贴板""字体""对齐方式""数字""样式""单元格""编辑"7个组，每个组中分别包含若干个相关命令，分别完成复制与粘贴、文字编辑、对齐方式、样式应用与设置、单元格设置、单元格与数据编辑等功能，如图4-10所示。

图4-10 "开始"选项卡

③"插入"选项卡。主要包括"表格""插图""图表""迷你图""筛选器""链接""文本""符号"8个组，完成数据透视表、插入各种图片对象、创建不同类型的图表、插入迷你图、创建各种对象链接、交互方式筛选数据、页眉和页脚、使用特殊文本、符号的功能，如图4-11所示。

图4-11 "插入"选项卡

④"页面布局"选项卡。主要包括"主题""页面设置""调整为合适大小""工作表选项""排列"5个组，主要完成Excel表格的总体设计，设置表格主题、页面效果、打印缩放、各种对象的排列效果等功能，如图4-12所示。

图4-12 "页面布局"选项卡

⑤"公式"选项卡。主要包括"函数库""定义的名称""公式审核""计算"4个组，主要用于数据处理，实现数据公式的使用、定义单元格、公式审核、工作表的计算，如图4-13所示。

图4-13 "公式"选项卡

⑥"数据"选项卡。主要包括"获取外部数据""连接""排序和筛选""数据工具""分级显示""分析"5个组，主要完成从外部数据获取数据来源，显示所有数据的连接、对数据排

序或筛查、数据处理工具、分级显示各种汇总数据、财务和科学分析数据工具的功能，如图 4-14 所示。

图 4-14　"数据"选项卡

⑦"审阅"选项卡。主要包括"校对""中文简繁转换""语言""批注""更改"5 个组，用于提供对文章的拼写检查、批注、翻译、保护工作簿等功能，如图 4-15 所示。

图 4-15　"审阅"选项卡

⑧"视图"选项卡。主要包括"工作簿视图""显示""显示比例""窗口""宏"5 个组，提供了各种 Excel 视图的浏览形式与设置，如图 4-16 所示。

图 4-16　"视图"选项卡

3. 编辑栏

编辑栏位于功能区下方，主要包括显示或编辑单元格名称框、插入函数两个功能，如图 4-17 所示。

图 4-17　编辑栏

4.1.3　Excel 2013 的基本操作

1. 新建空白工作簿

启动 Excel 2013 时就会自动创建一个新的工作簿，在默认状态下，这个工作簿文件名是按顺序来命名的，例如 Book#，#就是工作簿编号，默认从 1 开始，退出 Excel 再开启，Excel 文件又会从 1 开始编号。在 Excel 2013 版本中，新建空白工作簿是选择"文件"｜"新建"命令，如图 4-18 所示。

2. 打开工作簿

要调用之前已经创建好的工作簿必须先打开它，可以同时打开多个。打开文件是通过选择"文件"｜"打开"命令，在弹出的"打开"对话框中选择好需要打开的文件位置，单击"打开"按钮，如图 4-19 所示。

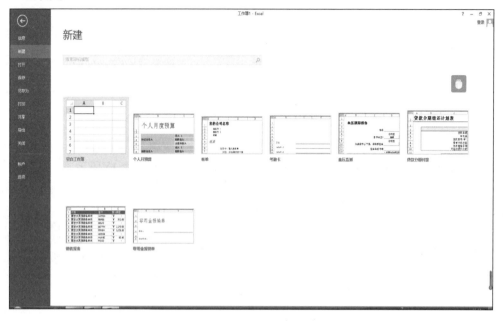

图 4-18　新建空白工作簿

3. 关闭与保存

在关闭工作簿之前要保证修改的内容已保存在工作簿中，以避免数据丢失，具体操作如下：

① 关闭工作簿：选择"文件"｜"关闭"命令。

② 保存工作簿：单击"保存"按钮。若是新建的工作簿，会弹"另存为"对话框，需要用户自定义保存路径。如果是打开已有的工作簿，则直接保存在原有路径中。

图 4-19　打开工作簿

4.2　学生成绩单的设计与制作

创建电子表格需要新建一个 Excel 文件，并向文件中输入数据。

1. 新建电子表格

选择"文件"｜"新建"命令，并单击"空白工作簿"图标，如图 4-20 所示。

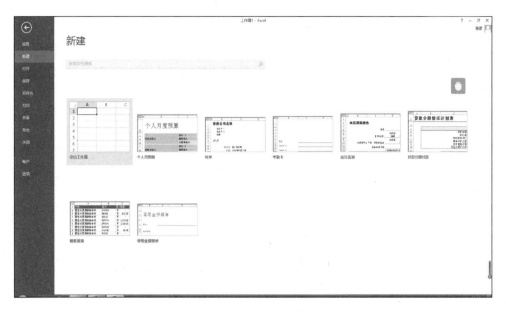

图 4-20　新建电子表格

2. 导入/导出数据

在 Excel 2013 中，可以通过导入外部数据的功能来导入所需要的数据提供给 Excel 做数据处理与分析，这样就不必手动输入数据，既提高了效率，同时也避免了输入错误的数据带来不必要的麻烦。

Excel 2013 也可以将处理完的数据以其他的文件方式导出，以便于导入其他软件做进一步的处理，例如文本、Access、SQLServer 数据库、XSD、XML 映射等数据处理软件所支持的数据文件格式，下面是以文本的方式来导入数据的步骤：

① 启动 Excel 2013 应用程序。

② 在"数据"选项卡"获取外部数据"组中单击"自文本"按钮。

③ 在弹出的"导入文本文件"对话框中，选择需要导入的数据源文件，单击"导入"按钮。

④ 在弹出的"文本导入向导"对话框中完成数据的导入工作。

⑤ 设定单元格格式

在 Excel 2013 中，可以更快捷地对单元格中的文字、图片设置相应的格式和效果。

3. 对文字的格式设置

在"开始"选项卡中，如改变字体、加粗、更改颜色、对齐方式等都有相应的按钮，单击"字体""对齐方式"和"数字"组的对话框启动器按钮（见图 4-21），会弹出单元格的格式设置对话框（快捷键为 Ctrl＋1）。

图 4-21　设置文字格式

4. 对图片的格式设置

在"插入"选项卡的"插图"组中单击"图片"按钮，弹出"插入图片"对话框，插入一张图片。单击"格式"选项卡"图片样式"组的对话框启动器按钮（见图 4-22），弹出"设置图片格式"对话框，可对图片进行设置。

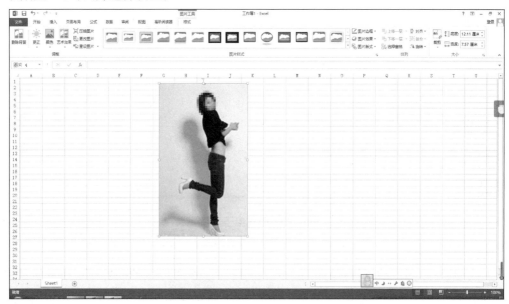

图 4-22　设置图片格式

5. 工作表公式

使用工作表公式可以有效进行数据计算。

在 Excel 2013 电子表格中，利用函数公式可以更快捷地计算出所需要计算的数据范围的某些参数，例如最简单的求和、平均数、计数等常用以及各行业里面的统计函数。虽然手动也可以算出来，但是如果数据量很大就很难操作，最关键的原因是它是引用单元格位置，而不是固定数据，也就是它有数据源，数据源发生变化，它的计算结果也会发生变化。

（1）制作学生成绩单

使用 Excel 2013 软件制作一份学生成绩单，使用电子表格创建、格式设置、工作表公式命令完成。

① 新建一个电子表格文件。选择"文件"|"新建"命令。

② 输入成绩单内容。单击"数据"选项卡"获取外部数据"组中的"自文本"按钮，如图 4-23 所示。

图 4-23　单击"自文本"按钮

在弹出的"导入文本文件"对话框中,选择需要导入的数据源文件,单击"导入"按钮,如图 4-24 所示。

在弹出的"文本导入向导"中完成数据的导入工作,由于文本数据是以"逗号"的格式存在的,所以在"文件类型"中选择"分隔符号"(见图 4-25),单击"下一步"按钮,设置分隔符号为"逗号",单击"完成"按钮,并根据提示进行下一步操作。

图 4-24 "导入文本文件"对话框

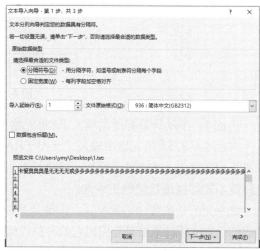

图 4-25 "文本导入向导"对话框

选择所导入数据的位置,默认情况是当前活动单元格,这里直接单击"确定"按钮,如图 4-26 所示。最终效果如图 4-27 所示。

图 4-26 "导入数据"对话框

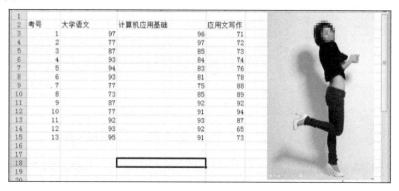

图 4-27 "外部获取数据"效果

③ 设定文字、图片对象的格式。在"插入"选项卡"插图"组中单击"图片"按钮插入一张图片,如图 4-28 所示。选中这张图片,在"图片工具|格式"选项卡中单击需要的按钮,即可设定图片的颜色、艺术效果、边框、效果、版式。

④ 工作表公式应用。

案例 1:平均数 Average 函数应用要求:求平均成绩。

操作方法如下:

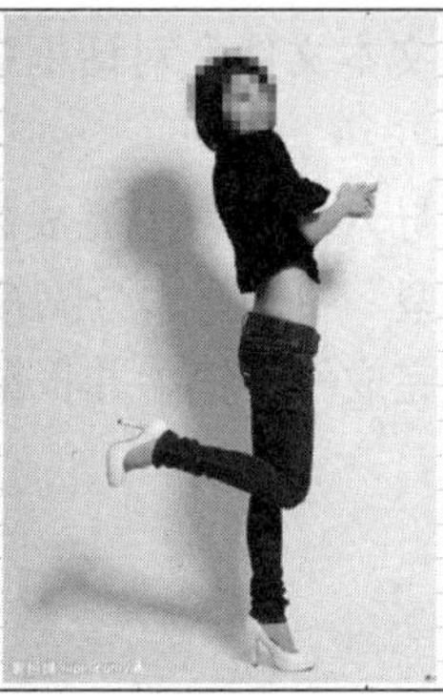

图 4-28 　插入图片

方法 1：手动计算好结果填入 F3 单元格中。

方法 2：在 F3 单元格中输入"=AVERAGE（B3:E3）"。这两种方法的结果是一样的。但是，如果采用方法 1，这位同学的某一科成绩有误，更正单科成绩后，那么她的平均成绩还是原来的，这样就不能够保证数据的正确性。

如果用的是函数 AVERAGE，即使是某一科成绩发生变化，它的平均成绩会立即发生变化，因为它的平均成绩计算结果是引用它的各科成绩的，因此，工作表公式在数据量大时更具有优越性。

案例 2：求和函数应用要求：求成绩总和，如图 4-29 所示。

姓名	大学语文	计算机应用基础	应用文写作	总分
何交	97	96	71	
刘时	77	97	72	
李光明	87	85	73	
周转	93	84	74	
张玉	94	83	76	
张国文	93	81	78	
林美丽	77	75	88	
张思函	73	85	89	
李羡美	87	92	92	
张小玉	77	91	94	
刘志明	92	93	87	
何旭	93	92	65	
徐山	95	91	73	

图 4-29 　sum 函数实例

SUM 函数的语法格式与上面所讲的函数用法是一样的，即"=函数名称（数据引用范围）"，在这里讲一下相对引用和绝对引用，引用就是地址引用，也称单元格引用。

这里求总分，这个函数式应该写成"=SUM（B3:E3）"，结果会自动计算出来。自动填充功能对其下面的所有总分列单元格进行求和计算。方法是：将鼠标指针指向 F3 单元格的右下角，光标会变为黑色十字自动填充柄，单击并拖动至要填充到的单元格，就会做自动的函数式填充计算。

这里的 B3：E3 单元格区域的地址是用的相对地址，所以会随着行号、列标而递增或者递减，单元格 F4 中自动填写的函数式是"=SUM（B4:E4）"，F5 中是"=SUM（B5:E5）"，依此类推。绝对地址的表示方法是在行号列标前加上 $ 符号，如果这里用绝对地址，那么它的表示应该为"=SUM（$B$3:$E$3）"，用自动填充功能时，它的地址就不会发生改变。此时，F3 下方的所有单元格所自动填充的函数式都跟F3里面的一样，都是"＝SUM（＄B＄3:＄E＄3）"，自然计算结果也都一样，也就是锁定了这个函数式的数据引用位置。如果是只锁定行或者列，则称这种引用为混合引用。这些引用的地址可以用一个名称来给它们命名。通过例子，了解名称框的使用，如图4-30所示。

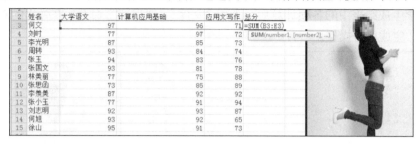

图4-30　学生成绩表

案例3：IF函数的应用。

IF逻辑判断函数是根据条件来判断真假从而输入相应的内容，如图4-31和图4-32所示。

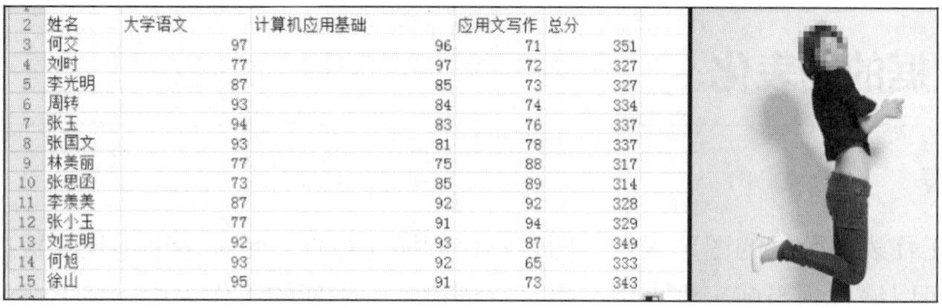

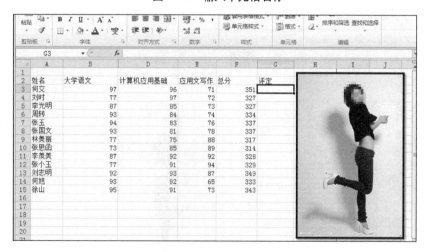

图4-31　输入单元格名称

图4-32　学生成绩表

要在评定列中自动输入对应考生的成绩等级，总分高于340分的视为优秀，否则视为一般。在G3中输入"＝IF（F3＞＝340，"优秀"，"一般"）"，然后自动填充到下边的单元格中，如图4-33所示。这个函数式中，F＞＝340是判断条件，如果满足，填入第一对引号内的内容；如果不满足填入第二对引号内的内容；如果一对引号中没有任何字符，那么就是不填任何内容。公式其实就是各个函数、运算符之间的相互交错使用，即加减乘除（＋、－、×、/），这样 4 个运算符与单元格地址或者常数、函数式相互交错使用，它也是以等号开头。

最终完成学生成绩表中的各项计算后，选择"文件"｜"保存"命令，在弹出的对话框中单击"保存"按钮，完成所有操作。

图 4-33　IF 函数实例

4.3　数据的图表化

4.3.1　图表

图表是对工作表中数据的图形表示。图表不仅能描述数据，更能清晰地反映数据趋势。

图表创建可以嵌入到当前工作表中，也可以创建到一张新的工作表中。在 Excel 2013 中，可以更快、更容易地创建图表，具体操作如下：

在"插入"选项卡"图表"组中，选择图表类型为"条形图"，结果如图 4-34 所示。

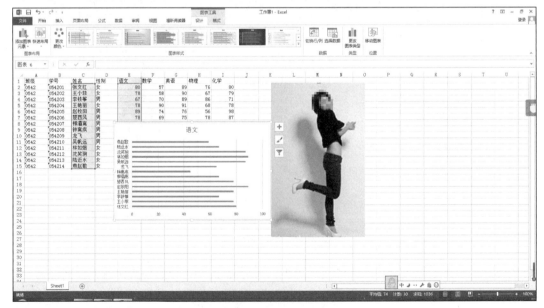

图 4-34　"条形图"图表

4.3.2　图表工具

创建图表之后，在功能区中会出现"图表工具"功能区，单击"设计"和"格式"选项卡中相应的命令按钮可以进行图表的相关调整，如图 4-35 所示。

图 4-35　"图表工具"功能区

4.3.3　组与分级显示

如果有一个要进行组合和汇总的数据列表，可以创建分级显示（分级最多为 8 个级别，每组一级），具体操作如下：在"数据"选项卡"分级显示"组中单击"创建组"按钮。每个内部级别再分级显示符号（分级显示符号：用于更改分级显示工作表视图的符号。

通过单击代表分级显示级别的加号、减号和数字 1、2、3 或 4，可以显示或隐藏明细数据）中由较大的数字表示，它们分别显示其前一外部级别的明细数据（明细数据：在自动分类汇总和工作表分级显示中，由汇总数据汇总的分类汇总行或列。明细数据通常与汇总数据相邻，并位于其上方或左侧），这些外部级别在分级显示符号中均由较小的数字表示。使用分级显示可以快速显示摘要行或摘要列，或者显示每组的明细数据。可创建行的分级显示、列的分级显示或者行和列的分级显示。

销售数据的分级显示行，这些数据已按区域和月份进行组合，其中显示了若干个汇总行和明细行。

若要显示某一级别的行，可单击相应的分层显示符号。

级别 1 包含所有明细行的总销售额。

级别 2 包含每个区域中每个月份的总销售额。

级别 3 包含明细行（当前仅第 11～第 13 行可见）。

若要展开或折叠分级显示中的数据，可单击分层显示符号。

4.3.4　分类汇总

通过使用"分类汇总"按钮可以自动计算列中的分类汇总和总计。

若要在表格中添加分类汇总，首先必须将该表格转换为常规数据区域，然后再添加分类汇总。注意，这将删除表格格式以外的所有表格功能。

插入分类汇总时，分类汇总是通过使用 SUBTOTAL 函数与汇总函数来完成的。

汇总函数是一种计算类型，用于在数据透视表或合并计算表中合并源数据，或在列表或数据库中插入自动分类汇总。汇总函数的例子包括 SUM、COUNT 和 AVERAGE（如"求和"或"平均值"），可以为每列显示多个汇总函数类型。

总计是从明细数据派生的，而不是从分类汇总中的值派生的。例如，如果使用了"平均值"汇总函数，则总计行将显示列表中所有明细数据行的平均值，而不是分类汇总行中汇总值的平均值，如图 4-36 所示。

班级	学号	姓名	性别	语文	数学	英语	物理	化学
0541	054204	王艳丽	女	78	90	91	68	78
0541	054205	赵牧阳	男	89	74	76	56	98
0541	054206	楚西风	男	78	69	75	78	87
0541	054207	柳潇离	男	67	65	73	79	84
0541	054208	钟离疾	男	45	78	80	94	85
0541	054209	龙飞	男	65	76	67	86	81
0541 平均值				70.33333				85.5
0542	054201	张文红	女	80	57	89	76	80
0542	054202	王小菲	女	78	58	90	67	79
0542	054203	李铁筝	男	67	70	89	86	71
0542	054210	吴帆远	男	87	90	73	87	79
0542	054211	林如烟	女	89	78	80	78	86
0542	054212	沈笑驹	女	87	87	79	62	79
0542	054213	陆近水	女	67	77	74	49	78
0542	054214	燕赵歌	女	59	76	81	65	67
0542 平均值				76.75				77.375
总计平均值				74				80.85714

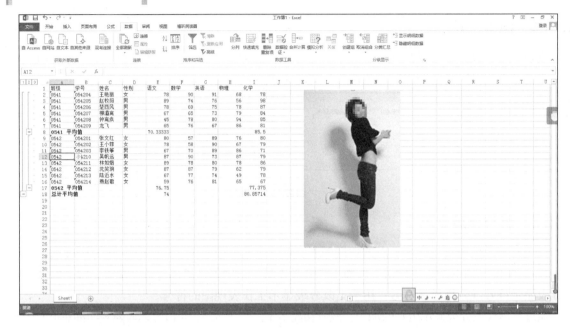

图 4-36　分类汇总

如果将工作簿设置为自动计算公式，则在编辑明细数据时，“分类汇总”命令将自动重新计算分类汇总和总计值。“分类汇总”命令还会分级显示（分级显示：工作表数据，其中明细数据行或列进行了分组，以便能够创建汇总报表。分级显示可汇总整个工作表或其中的一部分）列表，以便可以显示和隐藏每个分类汇总的明细行。

1. 创建图表

打开一个学生成绩单电子表格，如图 4-37 所示。

姓名	大学语文	高等数学	计算机应用基础	应用文写作	总分	优秀
何文	97	87	96	71	351	优秀
刘时	77	81	97	72	327	一般
李光明	87	82	85	73	327	一般
周转	93	83	84	74	334	一般
张玉	94	84	83	76	337	一般
张国文	93	85	81	78	337	一般
林美丽	77	77	75	88	317	一般
张思函	73	67	85	89	314	一般
李羡美	87	57	92	92	328	一般
张小玉	77	67	91	94	329	一般
刘志明	92	77	93	87	349	优秀
何旭	93	83	92	65	333	一般
徐山	95	84	91	73	343	优秀

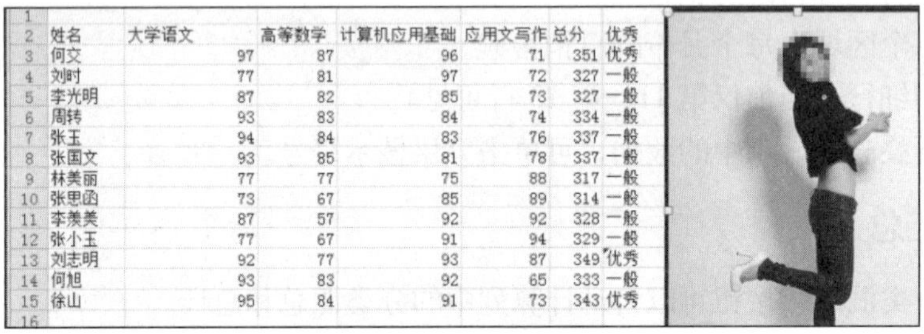

图 4-37　学生成绩表

选中姓名以及各科目。在“插入”选项卡“图表”组中选择图表类型，这里选择“条形图”，如图 4-38 所示。

与之前的版本比较，Excel 2013 有一个比较重要的图形工具——迷你图，它能够在单元格中反映数据的变化，如图 4-39 所示。

选中这位同学的各科成绩，在“插入”选项卡“迷你图”组中选择图形类别，为了更好地体现各科成绩的差距，这里选择“柱形图”。在弹出的“创建迷你图”对话框中，数据范围已经选好，即各科成绩，位置范围填入 J2，单击“确定”按钮，如图 4-40 所示。

图 4-38　生成"条形图"图表

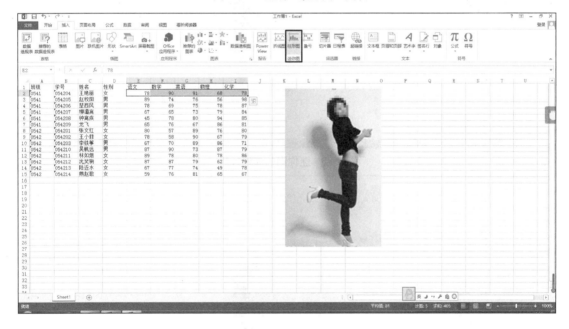

图 4-39　学生成绩表

最终显示的迷你图效果如图 4-41 所示。

注意：迷你图可以利用自动填充功能进行批量生成，这样能看出各同学各科成绩之间的差距，如图 4-42 所示。

2. 修改图表

在此需要对已经创建好的图表的类型、格式等做出相应的修改，具体操作步骤如下：选中图表，此时会出现相应的"图表工具"功能区，可以对图表的"设计"和"格式"进行调整。图 4-43 所示是在"格式"选项卡的下拉列表中选择要设置的部分。

选择哪一部分，对应的部分就会被选中，可以进行下一步的修改或者添加操作。

图表的标题上呈现可编辑状态时，可直接修改。单击图表标题也可以实现修改功能。其他部分修改也是在下拉列表中选择相应的部分。

图 4-40 "创建迷你图"对话框

3. 组与分级显示要求

把"总分"和"平均分"进行分级显示，如图 4-44 所示。选中这两列，如图 4-45 所示。

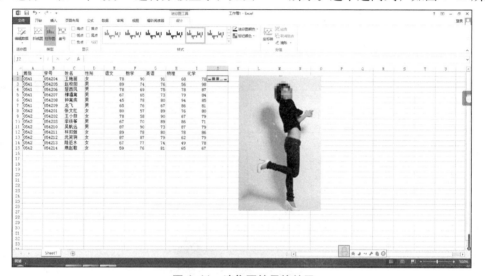

图 4-41 迷你图的最终效果

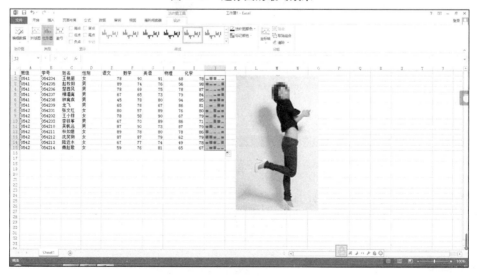

图 4-42 批量显示迷你图

姓名	大学语文	高等数学	计算机应用基础	应用文写作	总分	平均分
何交	97	87	96	71	351	87.75
刘时	77	81	97	72	327	81.75
李光明	87	82	85	73	327	81.75
周转	93	83	84	74	334	83.5
张玉	94	84	83	76	337	84.25
张国文	93	85	81	78	337	84.25
林美丽	77	77	75	88	317	79.25
张思函	73	67	85	89	314	78.5
李羡美	87	57	92	92	328	82
张小玉	77	67	91	94	329	82.25
刘志明	92	77	93	87	349	87.25
何旭	93	83	92	65	333	83.25
徐山	95	84	91	73	343	85.75

图 4-43　"图表区"下拉列表　　　　　图 4-44　学生成绩图

在"数据"选项卡"分级显示"组中单击"创建组"按钮，如图 4-46 所示。可以看到发生了变化，单击"-"按钮，如图 4-47 所示，组被隐藏。

图 4-45　选中"总分"和"平均分"列　　　　　图 4-46　创建选中列的组

图 4-47　隐藏组

此时，按钮变成了"＋"按钮，单击"＋"按钮，隐藏的组又会还原。

4. 使用组与分级显示、分类汇总、筛选数据

若要取消分组显示就选中列，然后单击"取消组合"按钮。

4.4　数据透视表

4.4.1　认识数据透视表

数据透视表是一种交互式的表，可以进行某些计算，如求和与计数等。所进行的计算与数据跟数据透视表中的排列有关。之所以称为数据透视表，是因为可以动态地改变它们的版面布置，以便按照不同的方式分析数据，也可以重新安排行号、列标和页字段。每一次改变版面布置时，数据透视表会立即按照新的布置重新计算数据。另外，如果原始数据发生更改，则可以更新数据透视表。

数据透视表功能在"插入"选项卡，如图 4-48 所示。

图 4-48 "插入"选项卡

4.4.2 使用数据透视表

打开学生成绩电子表格，如图 4-49 所示。

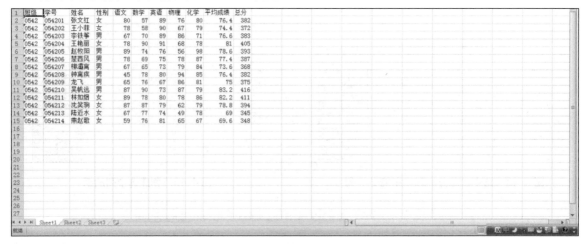

图 4-49 学生成绩表图

单击"插入"选项卡"表格"组中的"数据透视表"→"数据透视表"按钮，弹出"创建数据透视表"对话框，如图 4-50 所示。

单击"确定"按钮，出现图 4-51 所示的界面。

图 4-50 "创建数据透视表"对话框

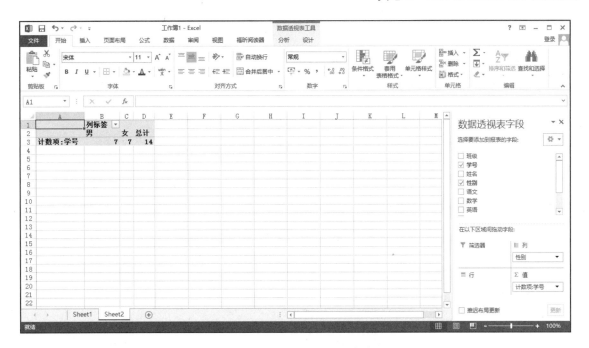

图4-51 统计学生男女人数透视表图

求出了本班男女生个有多少人。将"性别"拖入"行标签"区域中，将"学号"拖入"数值"区域中，如图4-52所示。

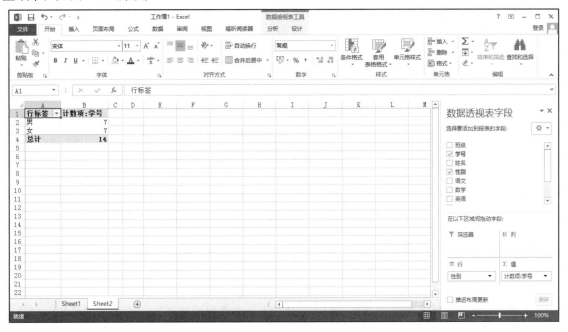

图4-52 统计学生男女人数透视表（以行显示）

或者将"性别"拖入"列标签"区域中，将"学号"拖入"数值"区域中，如图4-53所示。

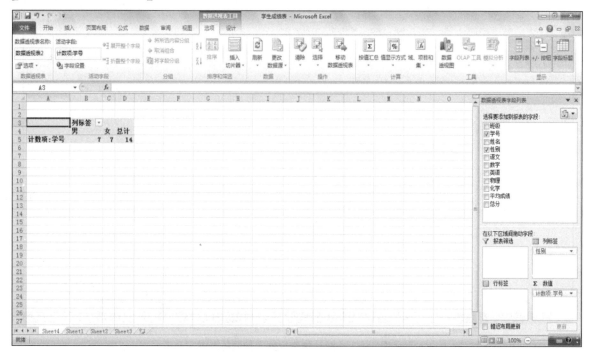

图4-53　统计学生男女人数透视表图（以列显示）

4.5　实践操作

① 打开工作簿文件"课程成绩单.XLS"，工作表"课程成绩单"内部分数据如表 4-1 所示。将"课程名称"栏中"网页制作"课程替换为"计算机应用基础"课程，替换后工作表名改为"课程成绩单（替换完成）"，工作簿名不变。

表4-1　课程成绩单

学　　号	姓　　名	课 程 名 称	期 中 成 绩	期 末 成 绩
200901001	张三	网页制作	50	60
200901002	竺燕	网页制作	78	90
200901003	李四	网页制作	65	86

② 打开工作簿文件"课程成绩单.XLS"，对工作表"课程成绩单"内的数据清单的内容进行排序，条件为"按姓名笔画逆序排序"。排序后的工作表另存为"课程成绩单（排序完成）.XLS"工作簿文件中，工作表名不变。

③ 打开工作簿文件"课程成绩单.XLS"，对工作表"课程成绩单"内的数据清单的内容进行自动筛选，条件为"期末成绩大于或等于 60 并且小于或等于 80"，筛选后的工作表另存为"课程成绩单（筛选完成）.XLS"工作簿文件中，工作表名不变。

④ 根据表 4-2 的基本数据，按下列要求建立 Excel 表。

表 4-2　产品销售表　　　　　　　　　　　　　　　　　　　　　　单位：元

月　份	录 音 机	电 视 机	VCD	总　　计
一月	232	221	1514	
二月	242	222	1524	
三月	252	223	1534	
四月	262	224	1544	
五月	272	225	1554	
六月	282	226	1574	
平均				
合计				

a. 利用公式计算表中的"总计"值。

b. 利用函数计算表中的"合计"值。

c. 利用函数计算表中的"平均"值。

d. 用图表显示录音机在 1—6 月的销售情况变化。

⑤ 根据表 4-3 中的基本数据，按下列要求建立 Excel 表。

表 4-3　工资表　　　　　　　　　　　　　　　　　　　　　　　　单位：元

部　门	工 资 号	姓　名	性别	工　资	补　贴	应发工资	税　金	实发工资
销售部	2002001	林蒙	女	1536	500			
策划部	2002021	刘品	男	1620	458			
策划部	2002050	吕中化	男	1703	722			
销售部	2006010	国中有	男	1436	565			
销售部	2004020	张咖	女	1325	655			
策划部	2006001	崔吕	男	1202	460			

a. 删除表中的第 5 行记录。

b. 利用公式计算应发工资、税金及实发工资（应发工资＝工资＋补贴）（税金＝应发工资×3%）（实发工资＝应发工资－税金）（精确到角）。

c. 将表格中的数据按部门"工资号"升序排列。

d. 用图表显示该月此 6 人的实发工资，以便能清楚地比较工资情况。

单元 5

PowerPoint 2013 演示文稿制作软件

【学习目标】

- 幻灯片内容的编辑与修改。
- 应用文档大纲创建幻灯片。
- 应用与修改幻灯片版式。
- 应用与修改幻灯片中文、图片、图表等的格式与设计。
- 在幻灯片中插入各种元素。
- 为各种对象和添加动画和为幻灯片切换效果。
- 修改与制作幻灯片母版。
- 播放与打包演示文稿。

5.1 PowerPoint 2013 简介

5.1.1 相关概念

1. 幻灯片

幻灯片是半透明的胶片，上面印有需要讲演的内容，幻灯片需要专用放映机放映，一般情况下由演讲者进行手动切换。PowerPoint 2013 是制作电子幻灯片的程序，在 PowerPoint 2013 中用户以幻灯片为单位编辑演示文稿。

2．演示文稿

演示文稿是以扩展名为".pptx"保存的文件，一个演示文稿中包含多张幻灯片，每张幻灯片在演示文稿中既相互独立又相互联系。

3．PowerPoint 与 Word 的主要区别

Word 的主要功能是制作文档，接近于现实生活，其基本操作单位是页、段和文字；PowerPoint 的主要用途是制作展示用的幻灯片，因此在 PowerPoint 中的逻辑操作单位是幻灯片和占位符。

因用途不同，PowerPoint 不像 Word 那样注重于文字格式的排版，供用户打印美观的纸质文档，其更注重于对象的位置、颜色和动画效果的设置，以保证用户在屏幕上能够达到最佳演示效果。

占位符是一种带有虚线边缘的框，绝大部分幻灯片版式中都有这种框。在这些框内可以放置标题及正文，或者是图表、表格和图片等对象。幻灯片的版式变换实际上是对占位符位置和属性的调整。

4．PowerPoint 2013 的新增功能

和 PowerPoint 2003 相比，PowerPoint 2013 的功能得到了增强，既让制作幻灯片的工作变得更加方快捷，同时又新增了许多工具和功能。

1）为文本添加视觉效果

利用 PowerPoint 2013，可以向文本应用图像效果（如阴影、凹凸、发光和映像）。也可以向文本应用格式设置，以便与图像实现无缝混和。操作起来快速、轻松，只需单击几次鼠标即可，如图 5-1 所示。

2）新增的 SmartArt 图形图片布局

利用 PowerPoint 2013 提供的更多选项，可将视觉效果添加到文档中。可以从新增的 SmartArt 图形中选择，在数分钟内构建令人印象深刻的图表。SmartArt 中的图形功能同样也可以将文本转换为引人注目的视觉图形，以便更好地展示创意，如图 5-2 所示。

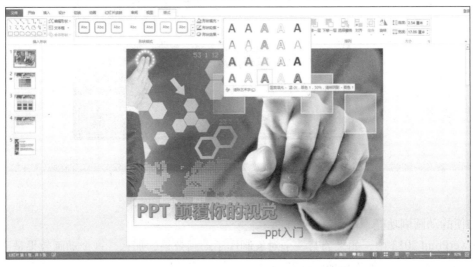

图 5-1　幻灯片文本显示效果图

图 5-2　幻灯片 SmartArt 图形图片效果图

3）新增艺术效果

通过 PowerPoint 2013 中新增的图片编辑工具，无须其他照片编辑软件，即可插入、剪裁和添加图片特效。你也可以更改颜色饱和度、色温、亮度以及对比度，以轻松地将简单文档转化为艺术作品。可以对图片应用复杂的艺术效果，使其看起来更像素描、绘图或绘画作品。这是无须使用其他照片编辑程序便可增强图像效果的简便方法，如图 5-3 所示。

图 5-3　幻灯片艺术效果

4）方便的动画刷功能

在 PowerPoint 2013 中，如果为某一个对象制作了动画效果，那么，这个动画效果是无法通过复制到其他页面中去的。在 PowerPoint 2013 中，新增了名为动画刷的工具，该工具允许用户把现成的动画效果复制到其他 PowerPoint 页面中，如图 5-4 所示。

图 5-4 幻灯片动画刷功能的运用

5）更加丰富与绚丽的动画效果

与 PowerPoint 老版本相比，PowerPoint 2013 无论是幻灯之间的切换动画，还是幻灯片中各种对象的动画效果，都更加丰富与绚丽，大大提升观看时的视觉效果，如图 5-5 所示。

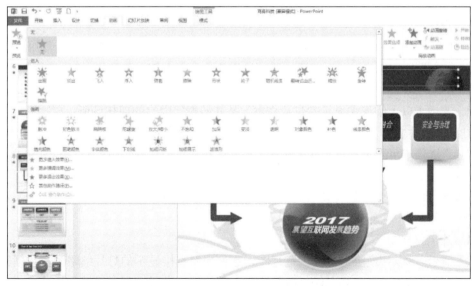

图 5-5 幻灯片间切换动画设置界面图

5.1.2 启动和基本操作界面

选择"开始"│"所有程序"│"Microsoft Office 2013"│"Microsoft Office PowerPoint 2013"命令启动 PowerPoint 2013，其操作窗口如图 5-6 所示。

图 5-6 PowerPoint 2013 界面

1. PowerPoint 2013 中的视图

在 PowerPoint 2013 窗口右下方的状态栏中提供了各个主要视图（普通、幻灯片浏览、阅读和幻灯片放映视图）。

1）普通视图

单击状态栏上的 按钮可以切换至普通视图。该视图是主要的编辑视图，可用于撰写和设计演示文稿。普通视图有 4 个工作区域，即"幻灯片"和"大纲"选项卡、"幻灯片"和"备注"窗格。

"大纲"选项卡以大纲形式显示幻灯片文本，是开始撰写内容的理想场所；在这里，可以捕获灵感，计划如何表述它们，并能移动幻灯片和文本，如图 5-7 （a）所示。

"幻灯片"选项卡可显示幻灯片的缩略图，在其中操作可以快速浏览幻灯片的内容或演示文稿的幻灯片流程，或快速移至某一张幻灯片，如图 5-7 （b）所示。

PowerPoint 自 2010 版开始支持节的功能，与 Word 中的分节符类似，节可将一个演示文稿划分成若干个逻辑部分，更有利于组织和多人协作。

2）幻灯片浏览视图

单击 按钮可以切换至幻灯片浏览视图，这种视图直接显示幻灯片缩略图，在创建演示文稿以及准备打印演示文稿时，可以轻松地对演示文稿的顺序进行排列和组织。此外，还可以在幻灯片浏览视图中添加节，并按不同的类别或节对幻灯片进行排序，如图 5-8 所示。

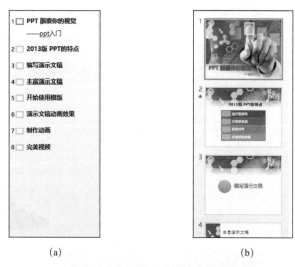

(a)　　　　　　　　　　　(b)

图 5-7　"大纲"及"幻灯片"选项卡

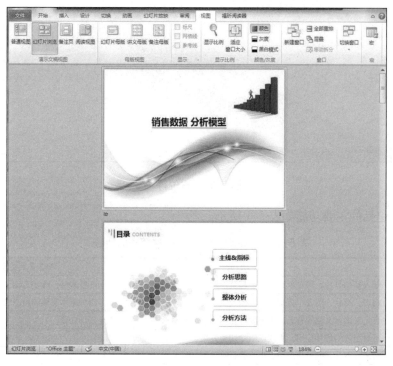

图 5-8　"幻灯片浏览"视图

3）幻灯片放映视图

幻灯片在播放的过程中全屏显示，逐页切换，可以通过单击 按钮切换至放映视图，对当前幻灯片开始播放。

2. 功能区

与其他 Office 软件类似，普通视图下，PowerPoint 功能区包括 9 个选项卡，按照制作演示文稿的工作流程从左到右依次分布，如图 5-9 所示。图 5-10 所示中的虚框为占位符。

图 5-9　功能区

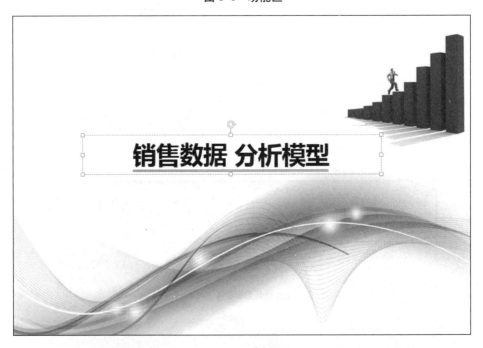

图 5-10　占位符

各选项卡及包括的主要功能如表 5-1 所示。

表 5-1　PowerPoint 2013 各选项卡的功能

选 项 卡	主 要 功 能	对应演示文稿制作流程
开始	插入新幻灯片，将对象组合在一起及设置幻灯片上的文本格式	准备素材、确定方案、开始制作演示文稿
插入	将表、形状、图表、页眉或页脚插入演示文稿	增加演示文稿的信息量，提升说服力
设计	自定义演示文稿的背景、主题设计和颜色或页面设置	装饰处理
切换	可对当前幻灯片应用、更改或删除切换效果	
动画	可对幻灯片上的对象应用、更改或删除动画	
幻灯片放映	开始幻灯片放映、自定义幻灯片放映的设置和隐藏单个幻灯片	预演与展示
图	查看幻灯片母版、备注母版、幻灯片浏览，打开或关闭标尺、网格线和绘图指导	提升演示整体质量
审阅	检查拼写、更改演示文稿中的语言或比较当前演示文稿与其他演示文稿的差异	审核校对
文件	保存现有文件和打印演示文稿	完成制作打包发布

3. 快速访问工具栏的使用

由于软件设计上的原因，相比 PowerPoint 2003 全面而又丰富的快捷工具栏，PowerPoint 2013

的快速访问工具栏做了大幅度的简化，保留了保存、撤销、重做、从头开始、新建这几个按钮（如图所示 ）。没有经常使用的打开、关闭等按钮，这给编辑演示文稿带来不便，但可以自定义添加这几个常用的命令至快速访问工具栏。

操作方法如下：

① 单击快捷工具栏最右边的"自定义快速访问工具栏"按钮，从弹出的菜单中选中"打开"，"打开"按钮就被添加到快速访问工具栏。

② 接着在此菜单中单击"其他命令"按钮，则会打开"PowerPoint 选项"对话框，我们可以在"常用命令"滚动窗口中找到我们要添加的命令，比如：打开最近使用过的文件、剪切、粘贴等命令，之后单击"添加"按钮，把它们添加到快速访问工具栏中去，如图 5-11 所示。

图 5-11 自定义快速访问工具栏

此外，有一些功能不在"常用命令"中，则需要单击"常用命令"下拉按钮，选择"全部"，之后在滚动窗口中找到要添加的命令，如关闭、符号等，单击"添加"按钮，把它们添加到快速访问工具栏中，如图 5-12 所示。

图 5-12 向快速访问工具栏添加其他命令

其他工具的添加方法类似，不再赘述。

5.2 设计演示文稿的基本原则

逻辑结构清晰，层次鲜明的演示文稿可以让观众明确演示目的。设计演示文稿时要注意文字不宜过多，颜色搭配合理，恰当使用动画效果和幻灯片切换效果。

5.2.1 典型结构

1. 黄金法则

除以六乘以六演示文稿有一种典型结构，这种结构基于两种概念：

1）一除以六乘以六

又称"演示文稿黄金法则"，基本概念是每张幻灯片只讨论一个项目，一张幻灯片最多有 6 个子项目，每个子项目又不应超过 6 个词语。实践表明，如果一行超过 6 个词语，观众将无法一次抓住这一行所要表达的意思，就不能专心听演讲者的介绍。任何法则都会有例外，但应尽可能将此作为一项基本理念。

2）重复

首先向观众说明要讲的主要内容，讲到这些内容时，再向观众总结讲了什么。在演示过程中要使用积极的语调，使用现在时态使演示保持主动语态而不是被动语态。

2. 常用演示文稿结构

通常来说，演示文稿的结构包括：

1）标题幻灯片

一个演示文稿通常有一个主题，如××年度报告、新产品建议书、进度报告等。标题幻灯片体现主题。很多演讲者会在开场白时播放标题幻灯片。

2）目录幻灯片

目录幻灯片是演示文稿的目录页，向观众介绍将要演讲的信息概要。根据"黄金法则"应将项目数量限制在六张以内。

3）内容幻灯片

目录幻灯片的每个项目都将有一张相对应的内容幻灯片。目录幻灯片上的项目为内容幻灯片的标题。有时可能会需要多张幻灯片来阐述一个项目，这时，每张幻灯片的标题都是相同的，但可以使用副标题来区分这些幻灯片。

5.2.2 设计原则

设计出的幻灯片除了借鉴"黄金法则"外，还需要注意色彩搭配、明暗对比度、文字大小等细节问题。

1. 色彩搭配与对比度

要注意选择合适的背景和文字颜色，以保证观众可以看清演示文稿中的文字和图片内容。如果选择颜色较深的背景色，则需要将文字设置成较亮的颜色，反之亦然。例如，选择蓝色背景时，选择黄色或白色文字等。因为演示文稿大多数情况下在投影机上播放，所以建议选择三基色（红、绿、蓝）进行搭配。

2．字体与字号

在字体方面，要注意选择线条粗犷的字体，建议选择黑体字并且加粗；字号方面建议在保证演示文稿美观和整洁的基础上，尽量加大，但是要注意合理断句。

3．不要在 PPT 中堆砌过多的文字

有不少人在制作演示文稿时，把 PPT 当成是 Word 的翻版，直接把大量的文字复制、粘贴到 PPT 中，这是一种非常不好的习惯。我们要对制作内容进行认真研究和分析，从中提炼出最需要的呈现给观众内容，尽量把晦涩、抽象的文字转变为美观、生动、重点突出的图表。

5.3　演示文稿基本操作

制作演示文稿的一般工作过程可归纳为：

① 准备素材、确定方案。
② 归纳总结及信息提炼。
③ 装饰处理提升演示文稿的观赏性。
④ 预演放映。
⑤ 审核校对。
⑥ 打包发布。

5.3.1　创建演示文稿

选择"文件"｜"新建"命令，将切换至"可用的模板和主题"界面，如图 5-13 所示。

1．空演示文稿

PowerPoint 启动后就自动创建一个空白演示文稿文件，此文件中的幻灯片具有白色背景和文字默认为黑色，不具备任何动画效果，也不具备任何输入内容提示。

2．样本模板

模板是创建演示文稿的模式，提供了一些预配置的设置，如文本和幻灯片设计等，如果从头开始创建演示文稿，使用模板更为快速。PowerPoint 提供相册、日历、计划和用于制作演示文稿的各种资源的样本模板。此外，通过"Office.com 模板"可以实时获取微软提供的最新设计。

3．主题

主题包括预先设置好的颜色、字体、背景和效果，可以作为一套独立的选择方案应用于文件中。还可以在 Word、Excel 和 Outlook 中使用主题，使文档、表格、演示文稿和邮件的整体风格一致。

保存、关闭和打开演示文稿与 Word 完全一致。

图 5-13　可用的模板和主题

5.3.2　使用样本模板创建演示文稿

使用"欢迎使用 PowerPoint"样本模板创建一个演示文稿，如图 5-14 所示，创建完毕后切换至放映视图，观看该演示文稿。

图 5-14　使用样本模板创建演示文稿

该演示文稿所有幻灯片风格相同，并且具有内容提示，主题与操作工具 PowerPoint 2013 有关，首先应考虑使用"样本模板"新建演示文稿，从浏览视图看，该演示文稿采用了分节的方法；标题栏上显示的文件名是"演示文 1.pptx"，并且未显示兼容模式字样。

操作方法如下：

① 选择“文件”|“新建”命令，单击“样本模块”按钮，进入“可用的模块和主题”界面，双击“PowerPoint 2013 简介”即可创建基于样本模块的演示文稿。

② 单击窗口右下角状态栏上的按钮切换至“幻灯片浏览”视图，可观察到幻灯片缩略图按节分类显示。

③ 选中第一页幻灯片，单击状态栏上的按钮开始放映幻灯片，学习 PowerPoint 2013 的新增功能。

提示：“样本模板”为用户提供规范的演示文稿格式，用户可根据实际需要进行取舍，在制作商务演示文稿时这一功能尤为实用，在提示向导自动创建的演示文稿中需要进行一系列的个性化操作，例如，放置公司的 logo、根据实际内容更改幻灯片版式等。

5.3.3　确定演示文稿框架

利用“大纲”选项卡，建立“奥林匹克运动”演示文稿的框架。编者通过搜索相关奥运题材的素材，制作的演示文稿框架如图 5-15 所示。

图 5-15　演示文稿框架

制作“奥林匹克运动”有关主题的演示文稿，首先需要利用 Internet 搜索与其有关的信息，包括文字介绍、图片信息等，对制作对象加以了解，确定制作主题和基本展示框架，然后利用“大纲”选项卡将框架制作出来。

操作方法如下：

① 选择“文件”|“新建”命令，双击“空白演示文稿”。

② 启动浏览器，使用“百度”等搜索引擎搜索与“奥林匹克运动”有关的信息。

③ 对信息进行过滤、挑选，确定展示方案。

a. 选择“大纲”选项卡，依次输入幻灯片标题，按 Enter 键，新建幻灯片。

b. 选中第一张幻灯片，在幻灯片窗格中的“副标题”占位符中输入“奥林匹克运动”。

c. 所有幻灯片标题键入完毕后，单击窗口左上角的“保存”按钮。

④ 在弹出的“另存为”对话框中，输入文件名“奥林匹克运动.pptx”，单击“保存”按钮。

提示：一定要养成在制作演示文稿前确定展示方案，拟定展示提纲的习惯，这样才可以突出展示主题。"大纲"选项卡以大纲形式显示幻灯片文本，是开始撰写内容的理想场所；在"大纲"选项卡下，输入幻灯片的标题后，按 Enter 键将自动添加新的幻灯片，按 Shift+Enter 组合键可在一页幻灯片上换行。

5.3.4 规范演示文稿结构

确定主题的展示方案后，进一步规划每一部分需要幻灯片的大致张数。对于张数较多的演示文稿，可以使用新增的节功能组织幻灯片，与使用文件夹组织文件类似，使用命名节跟踪幻灯片组。而且，可以将节分配给其他合作者，明确合作期间的所有权。分节后的演示文稿如图 5-16 和图 5-17 所示。

图 5-16　奥林匹克运动的～诞生　　　　　图 5-17　发展历史～奥运吉祥物节

图中使用的是幻灯片浏览视图，整个演示文稿共分为 7 节，依次是奥林匹克运动、目录、诞生、发展历史、口号、北京奥运、奥运吉祥物。"诞生"节中包括节标题幻灯片和四张内容幻灯片，"发展历史"节中包括节标题幻灯片和两张内容幻灯片。在"幻灯片"选项卡下，选中某一节开始的幻灯片后右击，在弹出的快捷菜单中选择"新增节"命令可增加一节；选中一张幻灯片，单击"开始"选项卡"版式"组中的"节标题"按钮可将版式更改为节标题。

操作方法如下：

① 打开"奥林匹克运动.pptx"文稿，切换至"幻灯片"选项卡，选中第一张幻灯片并右击，在弹出的快捷菜单中选择"新增节"命令，如图 5-18（a）所示。

② 选中新增的节并右击，在弹出的快捷菜单中选择"重命名节"命令，如图 5-18（b）所示，在弹出的对话框中输入"奥林匹克运动"。

③ 选中标题为"奥林匹克运动会"的幻灯片大纲，新增一个同名的节，单击"开始"选项卡"版式"组中的"节标题"按钮，将其版式更改为"节标题"幻灯片。

④ 参照图 5-16 或根据搜索到的相关素材，单击"开始"选项卡"新建幻灯片"组中的"标题和内容"命令完成内容幻灯片的添加。

(a)　　　　　　　　　　　　　　(b)

图 5-18　新增和重命名节

⑤ 按类似的方法完成其他节和幻灯片的添加。

⑥ 将演示文稿另存为"奥林匹克运动新增节.pptx"。

提示："节"使演示文稿的结构更加清晰，尤其是在幻灯片页数较多的情况下，使操作更为便捷。幻灯片被增加至节中后，可以随节的移动而移动，删除而删除，这一功能有利于多人协作、校对以及对幻灯片结构的修改。

5.3.5　使用幻灯片版式和项目符号

完成"诞生"及"发展历史"幻灯片的内容制作，要制作的幻灯片如图 5-19 和图 5-20 所示。操作方法如下：

① 设置幻灯片版式。

a. 选中"诞生"幻灯片，将其设置成"标题和内容"版式。

b. 切换至"开始"选项卡，单击"幻灯片"组中的"版式"下拉按钮。

c. 选择"标题和内容"，执行完毕后，幻灯片上将增加一个占位符。

② 输入"诞生"相关文字内容。单击左侧的占位符，参考图 5-19 录入与"诞生"有关的文字。

"发展历史"幻灯片采用了"两栏内容"的版式，两栏是文字，右上是图片。"发展历史"标题使用黑体，36 号；"艰难的探索""发展与危机"幻灯片使用❋作为项目符号，并设置相关标题为宋体，18 号；正文文字为宋体，12 号。

操作方法如下：

① 设置幻灯片版式。

诞 生

奥林匹克运动会（希腊语：Ολυμπιακοί Αγώνες; 法语：Jeux
olympiques; 英语：Olympic Games）简称"奥运会"，是国际奥林匹克委员会主办的世
界规模最大的综合性运动会，每四年一届，会期不超过16日，是目前世界上影响力最大的
体育盛会。分为夏季奥林匹克运动会、夏季残疾人奥林匹克运动会、冬季奥林匹克运动会、
冬季残疾人奥林匹克运动会、夏季青年奥林匹克运动会、冬季青年奥林匹克运动会、世界
夏季特殊奥林匹克运动会、世界冬季特殊奥林匹克运动会、夏季聋人奥林匹克运动会、冬
季聋人奥林匹克运动会。奥运会中，各个国家用运动交流各国文化，以及切磋体育技能，
其目的是为了鼓励人们不断进行体育运动。

奥林匹克运动会发源于两千多年前的古希腊，因举办地在奥林匹亚而得名。古代奥林
匹克运动会停办了1500年之后，法国人顾拜旦于19世纪末提出举办现代奥林匹克运动会的
倡议。1894年成立，1896年举办了首届奥运会，1924年举办了首届冬奥会，1960年举办了
首届残奥会，2010年举办了首届青奥会。

图 5-19 "诞生"幻灯片

a. 选中"发展历史"幻灯片，将其设置成"两栏内容"版式。

b. 切换至功能区中的"开始"选项卡，单击"幻灯片"组中"版式"按钮右侧的下拉按钮。

c. 选择"两栏内容"，执行完毕后，幻灯片上将增加一个占位符。

② 输入文字内容并设置项目符号。

a. 单击左侧的占位符，参考图 5-20 录入与"发展历史"有关的文字。

发展历史

艰难的探索

✦ 1920年出现的奥林匹克格言"更快、更高、更强"是这一时期奥林匹克思想的重要进展，它与"重在参与"相辅相成，鼓励人们积极进取的精神参与到奥林匹克运动中来。

✦ 奥运会与科学技术的相互结合也取得重要进展，在工程建筑、电子设备和通讯中大量采用了当时最先进的技术，如1932年采用双镜头照相机进行终点拍摄，第一次在奥运会上非正式使用电动计时和重点摄影仪，运动会场设置大屏幕记分牌，出现自动打印机网络等。从1936年柏林奥运会开始，组委会采用电影这一形式对奥运会进行完整的记录。首次奥运闭路电视转播也在此时开始。

✦ 这一时期存在的主要问题是运动员业余身份所引起的冲突，许多运动员因此受到处罚，如曾多次参加奥运会、获得9枚奖牌、被记者成为"超人"的著名芬兰长跑选手努尔米因接受补贴，被视为"职业运动员"，无缘参加1932年的奥运会。此外，随着奥运会影响的扩大，一些政治势力试图将奥运作为政治工具的意图日益暴露，这在1936年希特勒统治下的纳粹德国所举办的冬、夏两届奥运会中表现得尤为突出。

发展与危机

✦ 奥林匹克三大支柱合作关系出现了危险的裂痕，它们共议大事、互相沟通的奥林匹克代表大会也自从1930年起就处于休眠状态。此外，尽管二战后大批新获独立的第三世界国家加入奥林匹克运动，但在布伦戴奇任国际奥委会主席的20年间仅增加了6名国际奥委会委员，发展中国家的呼声受到忽视。与此同时，自60年代后期以来，国际奥委会内交外困，风雨飘摇，其全部资产到1972年只剩下区区200万美元。奥林匹克运动继续依旧的各种矛盾发展到了非解决不可的程度。旧的模式已无能为力，而新的模式、新的运行机制尚未建立起来。1972年，爱尔兰人基拉宁接替布伦戴奇，出任国际奥委会第六任主席，拉开了改革的序幕。

✦ 基拉宁任职的8年是奥林匹克运动突封闭为开放的过渡阶段，国际奥委会开始重新审视奥林匹克运动与社会的关系。19世纪形成的业余原则和奥林匹克可独立于政治之外的观点对人们思想所形成的禁锢开始松动。尽管这8年奥林匹克运动的改革进程是缓慢的，却为下一阶段萨马兰奇大刀阔斧的改革做了必要的准备。

图 5-20 使用背景和项目符号

b. 单击"段落"组中的"项目符号"按钮右侧的下拉按钮，单击"项目符号和编号"命令。

c. 在对话框中单击"自定义"按钮，在"符号"对话框中选择 Wingdings 字体，找到相应符号，如图 5-21 所示。

③ 添加图片至占位符。占位符中除了可以输入文字外，还可以存储图像、表格等对象。单击右侧占位符中的"插入来自文件的图片"按钮，在弹出的对话框中选择事先选好的图片。

④ 更改幻灯片版式，将其设置成"比较"版式。

⑤ 输入文字并设置项目符号。

⑥ 选择"文件"|"另存为"命令，将演示文稿另存为"奥林匹克-诞生与发展历史.pptx"。

提示："幻灯片版式"实际上是系统预置的各种占位符布局，在使用时可根据需要进行选择，建议不要采用绘制文本框的形式在幻灯片上输入文字，因为绘制的文本框在更改版式时不会随版式而改变。项目符号有助于提升幻灯片上文字的逻辑性，用户可以根据需求自定义项目符号。

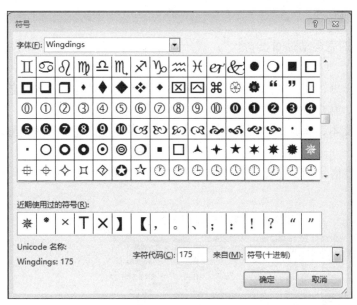

图 5-21　设置特定项目符号

5.4　使用表格和图形

表格和图形时是 PowerPoint 中经常使用的对象，使用这两种对象可以让观众明确演讲者的意图。这里的表格和图形操作与其他 Office 软件基本相同。

5.4.1　创建表格

"对象"是一张幻灯片上的任意形状、图片、视频或者文本框，表格是对象中的一种。PowerPoint 不像 Word 那样具有将规则文字转换为表格的功能。这里的表格是多个文本框的组合。可以使用"表格和边框"来快速修改表格属性。PowerPoint 中插入表格的方法有多种，最为常用的是单击占位符中的"插入表格"按钮和单击"插入"选项卡中的"表格"按钮。选中表格对象后，功能区中将出现"表格工具"|"设计"和"表格工具"|"布局"两个选项卡。

1. 设计

"设计"选项卡中包括设置边框、底纹等一系列关于表格样式设置的按钮。

2. 布局

"布局"选项卡包括表格的行、列、宽度，对齐方式等设置的按钮。

5.4.2 插入表格并设置样式

"奥林匹克运动举办地"有关节的演示内容较多，使用表格可突出展示历程的时间点，如图 5-22 所示。

该幻灯片采用默认的"标题和内容"版式，由标题占位符和 29 行 4 列表格构成；单元格中的文字垂直居中，表格无外框线并具有半透明的阴影。

操作方法如下：

① 新建"奥林匹克运动时间表.pptx"。

② 插入表格。

a. 选中"发展历史"演示文稿，并在其后插入一张新的幻灯片，输入标题为"历届奥林匹克运动会举办地汇总"，居中放置，并设置为琥珀字体，18 号。

b. 打开 Word 文本，将其中"历届奥林匹克运动会举办地汇总"的表格复制并粘贴到到幻灯片中。

c. 选中粘贴的表格，选择"设计"选项卡，对表格样式进行修饰，选择"中度样式 2-强调 1"，如图 5-22 所示。

历届奥林匹克运动会举办地汇总

届次	年份	国家	城市
第1届	1896年	希腊	雅典
第2届	1900年	法国	巴黎
第3届	1904年	美国	圣路易斯
第4届	1908年	英国	伦敦
第5届	1912年	瑞典	斯德哥尔摩
第6届	1916年	因一战而中断	
第7届	1920年	比利时	安特卫普
第8届	1924年	法国	巴黎
第9届	1928年	荷兰	阿姆斯特丹
第10届	1932年	美国	洛杉矶
第11届	1936年	德国	柏林
第12届	1940年	日本	东京
第13届	1944年	英国	伦敦
第14届	1948年	英国	伦敦
第15届	1952年	芬兰	赫尔辛基
第16届	1956年	意大利亚	墨尔本
第17届	1960年	意大利	罗马
第18届	1964年	日本	东京
第19届	1968年	墨西哥	墨西哥城
第20届	1972年	德国	慕尼黑
第21届	1976年	加拿大	蒙特利尔
第22届	1980年	苏联	莫斯科
第23届	1984年	美国	洛杉矶
第24届	1988年	韩国	汉城
第25届	1992年	西班牙	巴塞罗那
第26届	1996年	美国	亚特兰大
第27届	2000年	意大利亚	悉尼
第28届	2004年	希腊	雅典
第29届	2008年	中国	北京
第30届	2012年	英国	伦敦
第31届	2016年	巴西	里约热内卢
第32届	2020年	日本	东京

图 5-22 插入并设置表格格式

提示：因为 Word 中的文字本身带有格式，所以在复制文字以后，选中幻灯片上的表格，然后单击"开始"选项卡"剪切板"组中的"粘贴"→"使用目标主题"按钮，使用 PowerPoint 中的主题直接修饰；制表符"→"可以作为转换表格的分隔符。

d. 设置字体宋体，字号 12 磅，调整表格宽度和高度，使表格适应文字内容，移动表格至恰当位置。默认情况下，表格大小随文字字号变化，调整表格的宽度和高度后，文字能够自动适应单元格。

③ 设置表格格式。

a. 选中表格中的全部文字，切换至"布局"选项卡，单击"对齐方式"组中的"垂直居中"

按钮，选中第一行文字，设置水平居中。

　　b. 选中表格，切换至"设计"选项卡，单击"表格样式"组中的"边框"下拉按钮，单击"边框"按钮。

　　c. 单击"表格样式"组中的"效果"下拉按钮，单击"阴影"→"透视"→"右上对角透视"按钮，完成状态如图 5-23 所示。

　　④ 保存该演示文稿。

　　提示：演示文稿中的表格是由一组占位符构成的，每个单元格为一个占位符；若（创建）插入新幻灯片时，选用了带有"表格"的幻灯片版式，则可单击占位符中的"插入表格"按钮，在对话框中设定行、列数，然后单击"确定"按钮创建。

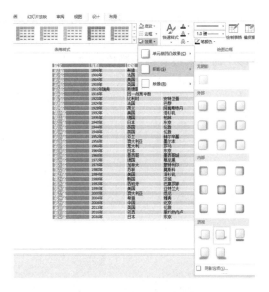

图 5-23　插入并设置表格

5.4.3　使用 SmartArt 图形

　　当文字内容较多时，用户可以使用 SmartArt 组件将其制作成与逻辑顺序相符的图形，增强演示效果，如图 5-24 所示。

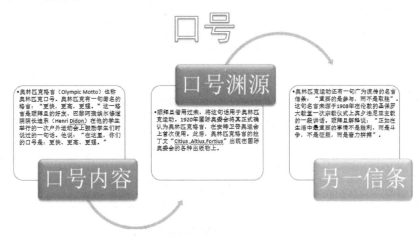

图 5-24　SmartArt 图形幻灯片示例

　　该幻灯片采用图形呈现奥运口号中的 3 个重点，这种图形是采用 SmartArt 制作的，通过箭头体现先后顺序，应用了"简单填充"样式使 3 个时间点采用不同的颜色。

　　操作方法如下：

　　① 打开"奥林匹克运动.pptx"文稿，另存为"奥林匹克运动 SmartArt.pptx"。

　　② 插入 SmartArt 图形。

　　a. 在"幻灯片"选项卡中，选中"发射背景"幻灯片，单击幻灯片空白处，单击"插入"选项卡"插图"组中的"SmartArt"按钮或者单击占位符中的 🖼 按钮。

　　b. 在弹出的"选择 SmartArt 图形"对话框中选择"流程"中"交替流"选项，如图 5-25 所示。

c. 在"在此处键入文字"窗格中，依次输入图形中需要显示的内容，如图 5-26 所示。选中项目后右击，在弹出的快捷菜单中选择"升级"和"降级"命令来设置从属关系，选择"上移"和"下移"命令来设置前后顺序。

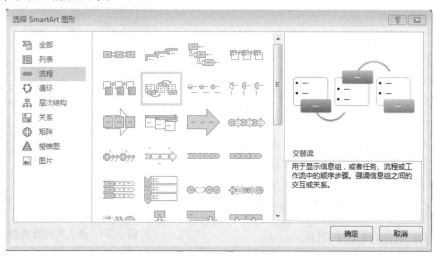

图 5-25 "选择 SmartArt 图形"对话框

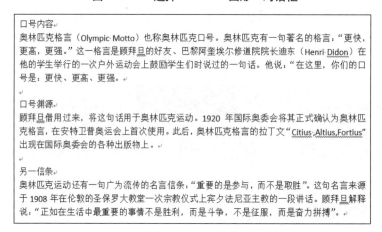

图 5-26 输入 SmartArt 图形中的文字

d. SmartArt 图形与表格类似，选中后，功能区中将自动出现"SmartArt 工具 | 设计"和"SmartArt | 格式"选项卡。

e. 通过"设计"选项卡，将图形设置为"简单填充"的 SmartArt 样式。

f. 使用图片和文字完成"口号"节的幻灯片内容的编辑，应用"图片形状效果"对插入的图片素材进行处理，选择合适的颜色进行填充，并设置其形状效果为预设 2，参考结果如图 5-27 所示。

③ 保存该演示文稿。

提示：创建 SmartArt 图形时，系统会提示选择类型，如"流程"、"层次结构"或"关系"。类型类似于 SmartArt 图形的类别，并且每种类型包含几种不同布局。因为 PowerPoint 演示文稿通常包含带有项目符号列表的幻灯片，所以当使用 PowerPoint 时，也可以将幻灯片文本转换为 SmartArt

图形。还可以使用某一种以图片为中心的新 SmartArt 图形布局快速将 PowerPoint 幻灯片中的图片转换为 SmartArt 图形。

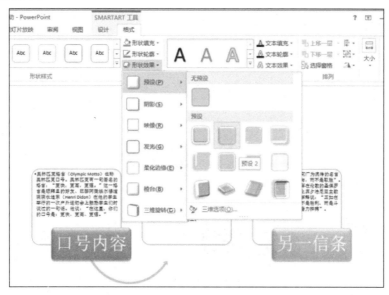

图 5-27　SmartArt 形状效果设置

5.4.4　插入编辑图片

要制作的幻灯片如图 5-28 所示。该幻灯片采用的版式是"图片与标题"版式。

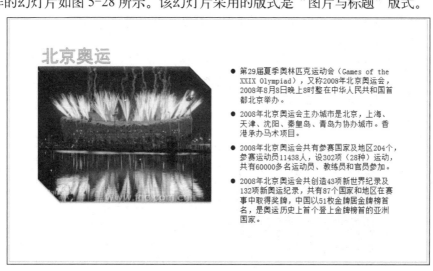

图 5-28　个性化图形幻灯片示例

操作方法如下：

① 打开"奥林匹克运动.pptx"文稿，为"发展历史节""北京奥运节""奥运吉祥"幻灯片分别插入相关图片。

② 插入剪贴画。

a. 单击幻灯片空白处，单击"插入"选项卡"图像"组中的"图片"按钮。

b. 在弹出的"插入图片"对话框中根据保存的路径查找到需要的素材，如图 5-29 所示。

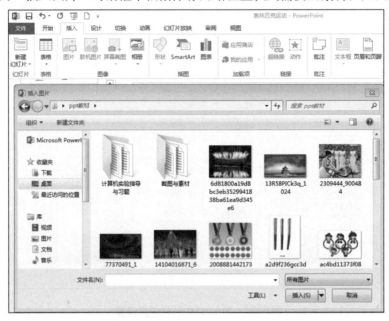

图 5-29　"插入图片"对话框

③ 根据所插入的图片，自行分别设置其图片效果。既可以为图片添置美观大方的边框，还可以为图片设置不同的格式。图 5-30 所示为设置图片格式后的效果。

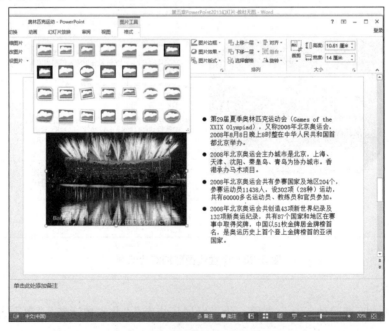

图 5-30　设置图片格式后的效果

④ 单击所需要美化的图片，单击"裁剪"下拉列表中的"剪去对角矩形"按钮，可以将图片裁剪成所需的各种形状，如图 5-31 和图 5-32 所示。

图 5-31　单击"剪去对角矩形"按钮 　　　　　图 5-32　裁剪图片为形状

⑤ 保存该演示文稿。

PowerPoint 2013 中可以使用的图形类型如表 5-2 所示。

表 5-2　PowerPoint 2013 支持的图形类型

类　型	扩　展　名	说　明
增强型图元文件	.emf	大多为矢量图
图形交换格式	.gif	通常带有动画效果
联合图像专家组	.jpg、.jpeg、.jpe	图片，非矢量图
可移植网络图形	.png	大多为矢量图
Windows 位图	.bmp、.rle、.dib	图片，非矢量图
Windows 图元文件	.wmf	Windows 剪贴画大多为这种格式的矢量图

在演示文稿中美观图片的格式效果可以大大提高演示效果，用户还可以利用绘图工具绘制图形。

5.5　多媒体的应用

媒体（Medium）原有两重含义，一是指存储信息的实体，如磁盘、光盘、磁带、半导体存储器等，中文常译为媒质；二是指传递信息的载体，如数字、文字、声音、图形等，中文译为媒介。从字面上看，多媒体（Multimedia），就是由单媒体复合而成的。

5.5.1　音频与视频

将声音或影片剪辑对象添加至演示文稿中，是增加幻灯片品质和吸引观众眼球的有效途径。

用户可以通过 Microsoft 剪辑管理器从 CD、语音和声音文件中录制声音，或者使用视频文件。用户能够设置声音和视频持续播放或只播放一次。

一般情况下，PowerPoint 会嵌入声音和视频等对象，也就是说对象成为演示文稿的一部分。如果需要使用较大的视频或声音文件时最好使用链接形式。

选择"插入"选项卡，分别单击"音频"或"视频"按钮并进行后续操作可实现对应文件的添加。

5.5.2　插入视频剪辑

在"北京奥运"幻灯片的标题处插入一段视频，用于播放奥运会开幕的视频，以提升演示效果。参考幻灯片如图 5-33 所示。

图 5-33　插入视频幻灯片示例

将影片和视频剪辑插入至 PowerPoint 与插入图片对象一样，用户可以插入自己的影片文件，也可以从 Microsoft 剪辑管理器中选择剪辑，与声音文件一样，可以为影片或视频剪辑添加动画效果。

操作方法如下：

① 打开"奥林匹克运动.pptx"文稿，另存为"奥林匹克插入视频.pptx"。

② 搜索并下载素材。利用互联网搜索并下载"奥林匹克开幕式"的视频，与演示文稿保存在同一文件夹下。

③ 完成"北京奥运会"幻灯片设计，如图 5-34 所示。

④ 插入视频文件。单击内容占位符中的 ▣ 按钮，在弹出的"插入视频文件"对话框中，选中要插入的文件，单击"插入"按钮，如图 5-35 所示。

⑤ 设置视频文件属性。选中插入视频文件，功能区中将出现"视频工具｜格式"和"视频工具｜播放"两个选项卡；使用"格式"选项卡，可以对视频文件的外观、样式等信息进行调整；"播放"选项卡用来设置视频文件如何播放等信息。

- 第29届夏季奥林匹克运动会（GAMES OF THE XXIX OLYMPIAD），又称2008年北京奥运会，2008年8月8日晚上8时整在中华人民共和国首都北京举办。
- 2008年北京奥运会主办城市是北京，上海、天津、沈阳、秦皇岛、青岛为协办城市。香港承办马术项目。
- 2008年北京奥运会共有参赛国家及地区204个，参赛运动员11438人，设302项（28种）运动，共有60000多名运动员、教练员和官员参加。
- 2008年北京奥运会共创造43项新世界纪录及132项新奥运纪录，共有87个国家和地区在赛事中取得奖牌，中国以51枚金牌居金牌榜首第一名，是奥运历史上首个登上金牌榜首的亚洲国家。

图 5-34　新建幻灯片

图 5-35　"插入视频文件"对话框

a. 设置视频文件的"视频效果"为"预设"中的"预设 12"。

b. 设置"视频选项"为"未播放时隐藏"、音量为"中"并自动播放。

c. 切换至"放映"视图测试。

若要在演示期间显示媒体控件，请执行下列操作：在"幻灯片放映"选项卡"设置"组中选中"显示媒体控件"复选框。

提示：声音和视频等多媒体文件可以增强演示效果，使用时要注意播放演示文稿的计算机系统上应安装有播放素材文件的播放器和解码组件，因为 PowerPoint 本身并不包含播放声音和视频的功能，这些功能是其通过调用系统中安装的相关软件实现的。例如，播放 MP3、AVI 和 WMV

文件必须要保证系统中安装有较新版本的 Windows MediaPlayer 等。当视频文件较大时，应采用链接的形式插入，并在移动演示文稿时需连同链接文件一起移动。

5.5.3 插入 MP3 文件作为背景音乐

放映幻灯片时同时播放背景音乐可以将观众带入一种意境，MP3 声音文件是网络上较为常见的格式，插入声音文件与插入视频和图片等对象的操作方法类似，声音文件在 PowerPoint 中以"小喇叭"图标的形式可见。

操作方法如下：

① 打开"奥林匹克运动.pptx"文稿，另存为"奥林匹克运动插入 mp3.pptx"。

② 利用互联网搜索并下载适合主题的 MP3 文件。

③ 将下载的文件插入至第一张幻灯片，并设置自动播放，放映时隐藏声音图标。

a. 选中第一张幻灯片，单击"插入"选项卡"音频"组中的"文件中的音频"按钮。

b. 在弹出"插入音频"对话框中选中声音文件，单击"插入"按钮。

提示：与视频文件类似，音频文件同样分为两种插入形式，即直接嵌入和链接，当声音文件较大，演示文稿页数较多时，建议选择链接形式插入；音频对象同样具有格式和播放选项卡，其功能与视频类似，不再赘述。

c. 选中插入的音频对象，切换至"播放"选项卡，在"音频选项"组中选中"放映时隐藏"复选框，选中"自动播放"复选项。

④ 设置声音在视频幻灯片播放前停止。

默认情况下，单击鼠标时自动停止播放声音。要实现在幻灯片切换的过程中始终连续播放同一音频文件，可切换至"播放"选项卡，在"音频选项"组中选中"跨幻灯片播放"复选框，如果设置声音在某一页幻灯片播放完毕后停止，则需要对"播放音频"的"效果选项"进行设置。

a. 选中音频文件，单击"动画"选项卡中的"动画窗格"按钮。

b. 单击"音频文件"下拉按钮，选择"效果选项"命令，弹出"播放音频"对话框，切换至"效果"选项卡。

c. 在"停止播放"组中，设置在某张幻灯片停止播放音频，如图 5-36 所示。主要选项功能如下：

"从上一位置"：从上一次音频播放停止处继续播放。

"开始时间"：设置从那一时间开始播放音频对象，如声音文件的总长度是 5 min，可以通过修改选项设置从第 3 min 处开始播放。

"在某张幻灯片后"：循环播放声音，直至指定的数字的幻灯片播放完毕后停止。

提示：当音频文件持续时间不是很长的情况下，可能在演示文稿放映完毕前就播放完毕。如要连续播放音乐，可选中声音对象，在"播放"选项卡中

图 5-36　设置声音停止时间

选中"循环播放直到停止"复选框，这一选项的含义是循环播放该声音，直到遇到停止播放声音的操作。

设置持续播放的背景声音，应将声音对象设置为"循环播放直到停止"，并且在"播放"选项卡中选中"跨幻灯片播放"复选框。

⑤ 保存演示文稿，切换至放映视图，观察声音的播放情况。

提示：如果采用链接形式插入音频，在执行插入操作之前，请将音频文件与演示文稿保存在同一文件夹下，在移动演示文稿时同时移动其所链接的声音文件，以保证在其他计算机上播放正常。音频在幻灯片放映视图下才可以按照预先设计播放停止时播放。

5.6　美化演示文稿

演示文稿的主题、框架和内容设计完毕后，进入美化阶段。应用主题可以方便地提升演示文稿的艺术效果，在进行幻灯片演示时将需要突出的重点设置动画效果，可以吸引观众的眼球从而达到最佳演示目的。

5.6.1　主题与动画

主题是颜色、字体和效果三者的组合，可以作为一套独立的选择方案应用于文件中。"设计"选项卡中包括系统预置主题和修改主题中包含相关内容的一组按钮。

动画可美化演示文稿，它包括对象动画和幻灯片切换动画两类。对象动画主要是指给幻灯片上的文本或对象添加特殊视觉或声音效果。

1. 对象动画的分类

PowerPoint 中的对象动画效果共分为 4 类：

1) 进入

"进入"动画效果为对象或占位符添加进入幻灯片时所采用的动画效果，系统提供了基本型、细微型、温和型和华丽型 4 类动画。

2) 强调

当需要利用动画效果强调某些文字或对象时，可使用"强调"动画效果。常见的强调动画效果有放大/缩小、更改字号、改变颜色和渐变等，可以设置成与其他动画同时播放。

3) 退出

"退出"动画效果设置占位符或对象如何离开幻灯片，如百叶窗、飞出等效果。

4) 动作路径

动作路径是 PowerPoint 自 2003 版开始提供的功能，其主要作用是为对象添加按照预置路径或自定义路径运动的动画效果。

2. 动画的常用操作

1) 添加动画

选中对象后，在"动画"选项卡的"动画"组中可以选择系统提供的常用动画效果。

单击"高级动画"组中的"添加动画"按钮，可为同一对象添加多种动画效果。

2）设置动画选项

为带有文字的占位符添加动画效果后，单击"动画"选项组中的"效果选项"按钮，可选择动画播放的形式。单击"动画窗格"按钮可在专门的窗格中设置当前幻灯片上各种动画的播放时机、效果选项、计时和播放顺序等，如图 5-37 所示。

3. 幻灯片切换

1）切换效果

单击"切换到此幻灯片"组中的相应效果可设置当前幻灯片出现的动画类别，通过该组中的"效果选项"按钮设置切换动画的细节。切换效果是幻灯片之间的过渡动画，选中幻灯片后，使用"切换"选项卡可以设置"细微"、"华丽"和"动态内容"3 类的切换效果。

图 5-37　"动画窗格"窗格

2）计时

通过调整"计时"组中的选项还可以设置切换时播放声音、时机、应用到演示文稿中全部幻灯片和持续时间等属性。

5.6.2　应用主题美化演示文稿

为"奥林匹克运动"演示文稿应用主题进行美化。应用主题后的演示文稿示的部分幻灯片效果例如图 5-38 所示。

幻灯片应用了"水滴"主题进行修饰，标题和内容文字的字体是黑体，应用主题后，文字颜色发生了相应更改。

操作方法如下：

① 打开"奥林匹克运动. pptx"文稿，另存为"奥林匹克运动应用主题. pptx"。

② 选择主题。

a. 选择"设计"选项卡，单击"主题"组中的"其他"按钮。

b. 在弹出的列表框中选择"水滴"，如图 5-39 所示。

提示：当鼠标指针在主题上移动时，系统将在幻灯片窗格中直接预览主题效果；鼠标指针停留在某一主题上时系统将弹出标签显示主题名称。

c. 单击"字体"下拉按钮，在弹出的列表中选择"Arial 黑体"。

③ 保存该演示文稿。

提示：主题可以比喻成演示文稿的衣服，可以快速改变演示文稿的外观，使其更加美观。主题中包括颜色、字体和效果三类选项，用户可以自由组合，以呈现不同效果。除可选择系统预设的大量颜色方案外，还可以单击"颜色"下拉按钮，选择"新建主题颜色"可实现演示文稿中各种对象颜色的自定义；一般情况下，为使观众可以看清文字，制作过程中应选用较为粗犷的字体，如黑体等，同时还要注意背景颜色与字体颜色的选择，使其对比相对明显。如果要在一个演示文稿中应用不同的主题，需要在演示文稿中新建母版，有关母版的相关知识将在后续章节介绍。

图 5-38　应用主题的演示文稿

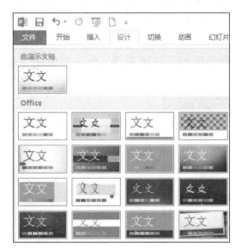

图 5-39　选择主题

5.6.3　为对象添加动画效果

"发展历史"幻灯片添加动画效果为例，介绍为对象添加动画效果的方法。

幻灯片采用了进入、强调、路径和退出动画效果，而且同一时间中有多种动画效果播放，需要使用"添加动画"按钮为同一对象添加多种动画效果；从"动画窗格"中可看出，"内容占位符"动画先播放，带有文字的占位符按段落播放动画。

操作方法如下：

① 打开"奥林匹克运动.pptx"文稿，另存为"奥林匹克动画.pptx"。

② 为图片添加动画效果。

a. 选中图片，切换至"动画"选项卡。

b. 单击"动画"组中的"淡出"按钮。

c. 在选中图片的状态下，单击"添加动画"下拉按钮，在弹出的下拉列表中单击"其他动作路径"按钮，在弹出的"添加动作路径"对话框中选择"基本"组中的"圆形扩展"；选中路径曲线，对其大小进行调整，旋转一定角度，预览动画，使其围绕幻灯片做椭圆运动。

提示：在路径动画中，绿色箭头表示开始位置，红色箭头表示结束位置；动画过程中，PowerPoint先将对象移动至中心与箭头重合位置，再按路径运动。

d. 单击"添加动画"下拉按钮，单击"退出"→"缩放"按钮，如图 5-40 所示。

③ 为带有文字的占位符添加动画。

a. 选中带有文字的占位符，单击"动画"组中"强调"动画中的"波浪形"按钮。

b. 单击"添加动画"下拉按钮，单击"更多强调效果"按钮，在弹出的"添加强调效果"对话框中选择"温和型"中的"彩色延伸"。

提示：默认情况下，占位符中的文字以字母为单位运动，如果想以段落或者整体为单位，可以在"动画窗格"中单击该动画效果的下拉按钮，选择"效果选项"命令进行修改。

④ 制作叠加动画效果的文字。

调整动画播放顺序，使文字以段落为单位，在"波浪形"强调的同时，进行"彩色延伸"强调。

a. 展开"动画窗格"中隐藏的动画项目，按照段落，将"彩色延伸"动画拖动至"波浪形"动画之后。

b. 按 Ctrl 键，依次单击"彩色延伸"动画项目，单击右侧的下拉按钮，单击"从上一项开始"按钮，如图 5-41 所示。

图 5-40　为图片添加退出动画

图 5-41　调整动画顺序及播放选项

提示："从上一项开始"表示与上一动画同时播放，"从上一项之后开始"表示上一动画播放完毕后开始播放。

⑤ 添加"图片再次出现，文字同时退出"的动画效果。

a. 选中图片，添加"轮子"进入动画。

b. 选中文字占位符，添加"缩放"退出动画，设置为"从前一项开始"。

⑥ 完成其他幻灯片动画效果的添加。

⑦ 保存该演示文稿。

5.6.4　设置幻灯片切换效果

以标题幻灯片切换效果为例，介绍幻灯片切换效果的添加方法。

为标题幻灯片添加"显示"切换动画，效果为"从左侧淡出"，持续时间 4 s，播放"照相机"声音。

"显示"动画属于"细微型"动画，持续时间和播放声音可以通过"计时"组设置。操作方法如下：

① 打开"奥林匹克运动.pptx"文稿，另存为"奥林匹克运动切换效果.pptx"。

② 设置幻灯片切换动画类别。选中标题幻灯片，切换至"切换"选项卡，单击"切换到此幻灯片"组中的下拉按钮，在弹出的列表框中选择"显示"。

③ 设置切换选项。单击"效果选项"下拉按钮，单击"从左侧淡出"按钮。

④ 设置计时选项。设置"声音"选项为"照相机"；"持续时间"为"4.00"，设置完毕的"切换"选项卡如图 5-42 所示。

⑤ 完成其他幻灯片切换效果设置，使每张的进入效果不同，保存演示文稿。

提示：单击"全部应用"按钮，可将切换效果应用至演示文稿中的所有幻灯片。

图 5-42　"切换"选项卡

5.7　幻灯片母版应用与动作设置

幻灯片母版是幻灯片层次结构中的顶层幻灯片，用于存储有关演示文稿的主题和幻灯片版式的信息，包括背景、颜色、字体、效果、占位符大小和位置。各幻灯片版式派生于母版。母版体现了演示文稿的整体风格，包含了演示文稿中的共有信息。

每个演示文稿至少包含一个幻灯片母版。修改和使用幻灯片母版的主要优点是可以对演示文稿中的每张幻灯片（包括以后添加到演示文稿中的幻灯片）进行统一的样式更改。使用幻灯片母版时，由于无须在多张幻灯片上键入相同的信息，因此节省了时间。如果演示文稿包含的幻灯片页数较多，并且需要对同一版式幻灯片进行统一格式的更改，使用母版将大大提高效率。

动作设置是指单击或移动鼠标时完成的指定动作。在较长的演示文稿中往往使用目录，并在每页幻灯片上增加导航栏来提高逻辑性，这种需求可以通过综合运用动作设置和母版来实现。

5.7.1　使用动作设置和链接

使用动作设置和链接可以在同一演示文稿中跳转至不同的幻灯片，或者引入当前演示文稿外的其他文件。

1. 动作设置

PowerPoint 中有两类动作，第一类是单击鼠标时完成指定动作，第二类是移动鼠标时完成指定动作。选中对象后，切换至"插入"选项卡，单击"动作设置"按钮，可以在弹出的"动作设置"对话框中完成动作设置。

2. 动作按钮

PowerPoint 提供了专门用于动作设置的按钮，单击"形状"下拉按钮，可在列表的底端看到它们。单击相应功能的按钮后，在幻灯片上拖动即可完成按钮的添加，并自动弹出"动作设置"对话框。

3. 超链接

超链接可以实现在幻灯片上单击某一段文字或对象后转向其他文档或网站。选中对象后右击，在弹出的快捷菜单中选择"超链接"命令，弹出"插入超链接"对话框，完成具体选项设置。超链接分为链接当前演示文稿中的幻灯片、演示文稿外的其他对象两大类。

5.7.2　制作目录幻灯片

PowerPoint 的目录能更明晰地表达主题，使观众能够事先了解清楚演讲内容的框架，紧紧牵引着观众的思路，对协助他们了解将要演讲的内容是十分有利的。以"奥林匹克运动会"添加目录幻灯片为例，介绍使用动作设置创建链接的方法，如图 5-43 所示。

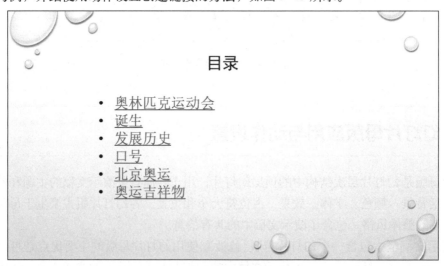

图 5-43　目录幻灯片示例

目录幻灯片其实是后续内容标题的列表，一般出现在标题幻灯片之后。PowerPoint 自 2007 版开始不提供自动创建摘要幻灯片的功能，需要用户自行制作目录幻灯片列表，因此，需要在标题幻灯片后插入一张"标题和内容"版式的幻灯片，然后根据设计的内容框架，将后续幻灯片的相关标题粘贴到内容占位符中。

选中目录幻灯片中相应的文字，然后通过"动作设置"或者"超链接"功能，设置链接属性，使之链接到相应的幻灯片，可使展示较为灵活。

操作方法如下：

① 打开"奥林匹克运动.pptx"文稿，另存为"奥林匹克运动目录.pptx"。

② 新建幻灯片。

a. 选中第一张幻灯片即标题幻灯片，切换至"开始"选项卡。

b. 单击"新建幻灯片"下拉按钮，选择"标题和内容"选项。

③ 完成目录文字内容。

a. 在"标题"占位符中输入"目录"。

b. 根据演示文稿的内容框架，依次将后续幻灯片的一级标题粘贴至内容占位符中。

提示：在"大纲"选项卡中，选中所有内容右击，在弹出的快捷菜单中选择"折叠"→"全部折叠"命令后，复制所有的一级标题，然后粘贴至文本占位符中，对多余内容进行删除可提高操作效率。

④ 选中文字设置链接。

动作设置和超链接都能够实现此要求，这里建议用户使用动作设置功能，操作相对简单，并且避免因绝对和相对路径而产生的问题。

a. 选中"简介"文字，切换至"插入"选项卡，单击"动作"按钮。

b. 在"动作设置"对话框中，切换至"单击鼠标"选项卡，选中"超链接到"单选按钮。

c. 在下拉列表中选择"幻灯片"选项，如图 5-44 所示。

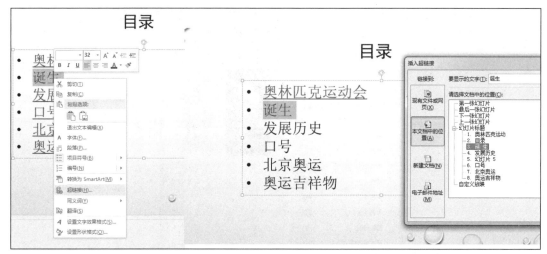

图 5-44　设置超链接

在弹出的"编辑超链接"对话框中选中"发展历史"，如图 5-45 所示，单击"确定"按钮。

按上述方法，完成其他文字链接的设置。

提示：当使用"动作设置"或者"超链接"功能链接到其他文件时，建议用户将链接到的文件与演示文稿文件放置在同一文件夹下，以保证转移至其他机器上时运行正常。

图 5-45　选择需要链接到的幻灯片

5.7.3　更改链接颜色

本案例的主要内容是使链接文字显示得更为清晰。

链接颜色属于主题配色中的一种，因此可以通过更改当前主题的颜色实现链接文字颜色的改变。操作方法如下：

① 接着 5.7.2 节的文件，另存为"更改链接颜色.pptx"。

② 新建主题颜色。

a. 切换至"设计"选项卡，单击"颜色"下拉按钮。

b. 单击"新建主题颜色"按钮，在图 5-46 所示的对话框中更改链接颜色。

图 5-46　更改链接颜色

③ 将颜色更改妥当后，保存该演示文稿。

5.7.4　使用动作按钮

较长的演示文稿需要添加目录幻灯片提高逻辑性，在内容幻灯片上增加导航工具栏，不但可以使演示者与观众互动时，方便切换至话题所在幻灯片，而且方便观众自行浏览幻灯片。导航工具栏一般由目录、上一页、下一页、最后一页和结束放映按钮构成。

导航工具栏是一组动作按钮的集合，一般情况下出现在每张内容幻灯片的下方，这些动作按钮均链接到当前演示文稿中。需要为大部分幻灯片增加导航工具栏，而当前演示文稿正文幻灯片大都采用相同的母版，因此，对母版进行编辑是一种事半功倍的方法。目录幻灯片与内容幻灯片采用相同的母版，可在添加导航工具栏后对目录幻灯片进行单独处理。

操作方法如下：

① 打开"奥林匹克运动．pptx"文稿，另存为"奥林匹克运动－动作按钮．pptx"。

② 为除标题幻灯片的所有幻灯片添加导航工具栏。

a. 选中第一张正文幻灯片，选择"视图"→"幻灯片母版"命令切换至母版视图，选中内容幻灯片母版，选中"页脚区"占位符，按 Delete 键将其删除。

b. 切换至"插入"选项卡，单击"形状"下拉按钮，选中"动作按钮"组中的"第一张"，按住鼠标左键，在母版幻灯片原页脚区域绘制大小合适的图形，释放鼠标左键后系统将自动弹出"动作设置"对话框，选中"幻灯片"列表项，然后在"超链接到幻灯片"对话框中选择目录所在的幻灯片，依次确定返回母版幻灯片编辑状态，如图 5-47 所示。

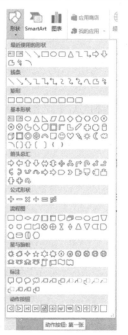

图 5-47　添加导航按钮

c. 按上述方法，添加与"第一张"按钮相同大小的"后退或前一项""前进或后一项""结束"按钮，并进行相应的动作设置。

d. 单击"动画按钮"中的"动作按钮：自定义"按钮，绘制与前几项相同大小的按钮，设置动作"结束放映"；右击"自定义"按钮，在弹出的快捷菜单中选择"添加文本"命令，输入大写的"X"作为按钮上显示的文字，并设置字体、字号和文字颜色等属性，使其与其他按钮协调，完成状态如图 5-48 所示。

图 5-48　完成状态

单击"视图"选项卡中的"普通视图"按钮，可发现与目录幻灯片版式不同的幻灯片上未出现导航栏。

e. 再次切换至幻灯片母版视图，将前一步制作的导航栏复制到其他版式母版的页脚区。

f. 放映演示文稿，测试导航工具栏。

③ 去掉目录幻灯片上的导航工具栏。因"目录"幻灯片与其他的内容幻灯片采用相同的母版，故删除该幻灯片上导航工具栏最简单的方法就是为其指定其他母版。

a. 选中"目录"幻灯片，切换至"视图"选项卡，单击"幻灯片母版"按钮，在左侧的"母版幻灯片缩略图"窗格中，右击当前幻灯片所基于的母版，在弹出的快捷菜单中选择"复制版式"命令，然后，在缩略图窗格底部右击，在弹出的快捷菜单中选择"粘贴"命令，删除母版副本上的导航工具栏，如图 5-49 所示。

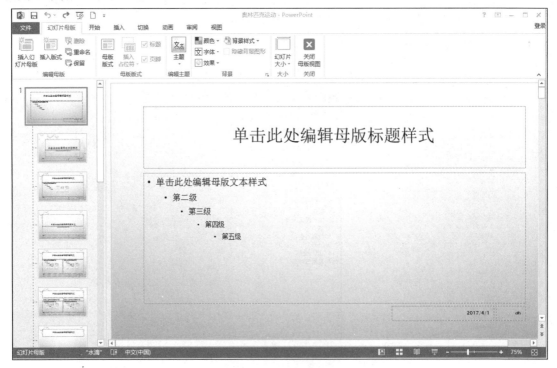

图 5-49　复制母版幻灯片

b. 关闭母版视图，返回普通编辑状态，选中"目录"幻灯片，切换至"开始"选项卡，单击"版式"下拉按钮，设置"目录"幻灯片使用新版式，如图 5-50 所示。

图 5-50　应用修改后的母版

5.8 放映演示文稿

幻灯片放映显示在屏幕上，在运行该程序时不显示菜单和工具，可以运用画笔等工具随时在屏幕上标注，强调重点。另外，PowerPoint 还提供"广播幻灯片"及"打包成 CD"功能，帮助用户在没有安装 PowerPoint 的计算机上显示演示文稿。

5.8.1　设置放映方式

PowerPoint 提供 3 种不同的放映方式，可以单击"幻灯片放映"选项卡"设置"组中的"设置放映方式"按钮，弹出"设置放映方式"对话框进行设置即可，如图 5-51 所示。

对话框中各选项的含义如下：

① 演讲者放映（全屏幕）。为现场观众播放，演示速度由演讲者设置。

② 观众自行浏览（窗口）。为网站或内部网络设置，观众通过各自的计算机观看演示文稿。

③ 在展台浏览（全屏幕）。自动循环放映幻灯片。

④ 循环放映，按 Esc 键终止。演示文稿循环放映，直到有人按 Esc 键终止。之后需要重新启动演示文稿。

⑤ 放映时不加旁白。如果为演示文稿录制了旁白，可在演示时关闭播放旁白，以节省内存。

⑥ 放映时不加动画。放映演示文稿，但不显示任何动画效果，以缩短放映演示文稿的时间。

⑦ 绘图笔颜色。选择绘图笔的颜色，演讲者可以在演示过程中用绘图笔来圈定、加下画线或强调某些内容。

图 5-51　"设置放映方式"对话框

⑧ 放映幻灯片。选择当前演示文稿要放映的幻灯片数。

⑨ 换片方式。确定幻灯片的换片方式。

⑩ 多监视器。设置演示文稿是否将在多个监视器上播放，如放置在会议室中多个位置的监视器。

⑪ 幻灯片放映分辨率。改变用于播放演示文稿的分辨率（像素）。在音频视频设备不是很先进时，这一选项很方便。

5.8.2　自动循环放映演示文稿

在大型展会等宣传活动中，需要使用自动循环播放演示文稿，协助主办方为参加者提供多方位多角度的服务。

自动循环放映演示文稿的放映方式属于"展台浏览（全屏幕）"放映类型。自动循环放映需要指定幻灯片切换间隔的时间或者排练计时。

操作方法如下：

① 打开"奥林匹克运动．pptx"文稿，另存为"奥林匹克运动－自动循环放映．pptx"。

② 让整个演示文稿可以自动循环放映。

演示文稿自动循环放映，属于"在展台浏览"放映类型，当演示文稿中包含动画效果时，需要使用排练计时或者直接指定幻灯片自动切换时间。

a. 设置幻灯片自动切换时间：一般情况下，用户通过单击或者空格键播放动画，在自动放映方式下，可以通过设置幻灯片的切换时间实现自动播放动画和幻灯片切换。

单击"切换"选项卡，在"计时"组中可以设置每张幻灯片的自动切换时间。

b. 使用排练计时：用户可以使用该项功能，通过预演的形式来自动设置保存幻灯片切换时间，以保证在自动放映方式下达到最佳演示效果。

单击"幻灯片放映"选项卡"设置"组中的"排练计时"按钮，演示文稿将从第一页幻灯片开始放映，并且显示"预演"工具栏，记录每一动画和幻灯片切换的时间，预演完毕后，用户可选择是否保留排练计时供自动换片时使用。

提示：在"幻灯片浏览"视图下，显示每页幻灯片的缩略图，同时在缩略图下方显示每页幻灯片的播放时间，方便用户从全局角度了解和设置播放选项。

③ 将放映方式设置为"在展台浏览"，放映该演示文稿。

5.8.3　放映幻灯片

开始幻灯片放映之后，放映视图左下角的工具栏，可用于在演示文稿中导航，或在放映过程中为某一幻灯片添加注释。

"注释"功能可以在幻灯片放映过程中使用，如同在高射投影上使用记号笔。这些标记只在幻灯片放映过程中显示，而不会添加到幻灯片上。用户可以使用"橡皮擦"工具或按 E 键（橡皮擦）从幻灯片上将这些标记清除。

箭头（即标准鼠标指针）可用于指出某张幻灯片上的某些方面。在演示过程中，箭头可以隐藏，也可以一直显示。有 3 种注释选择：圆珠笔（细）、毡尖笔（较粗）和荧光笔（更粗、半透明）。用户可以选择使用记号笔或箭头，也可改变记号笔标记的颜色。还可以在开始幻灯片放映之前确定记号笔的颜色；记住要选择一个适合幻灯片背景色的笔色。

在幻灯片播放过程中，激活记号笔之后如果要关闭该功能，有以下方法可供选择：

① 单击 🖊 按钮，然后选择箭头选项；或者也可以单击另一种记号笔选项。

② 按 Ctrl＋A 组合键关闭记号笔，然后按 Ctrl＋P 组合键打开记号笔。

1. 幻灯片放映技巧

按 F5 键可以从头放映幻灯片；单击窗口左下角的 按钮可以从当前幻灯片开始播放；在放映过程中可以使用键盘上的空格键和 PageDown 键代替单击鼠标左键，向后翻页或者播放动画；使用键盘上的 Backspace 键和 PageUp 键可向前翻页或者后退到前一项目；放映过程中按 B 键可以实现黑屏，按 W 键可实现白屏；任何状态下均可按 Esc 键结束放映返回编辑状态。

演讲者可以使用专门的演示工具进行翻页和绘图等操作，这样演讲者可以直接面向观众而不是只面向自己的计算机屏幕。

2. 使用多个显示器

PowerPoint 支持多显示器，可以通过计算机操作系统设计在不同显示器上使用不同分辨率，并且能够实现在演讲者使用的计算机上显示备注。

3. 打包成 CD

当演讲者不确认演示用机是否安装有专门的演示软件和软件版本时，可以使用打包成 CD 功能，并将播放器集成在 CD 中。

4. 幻灯片备注

简单地说，幻灯片备注就是用来对幻灯片中的内容进行解释、说明或补充的材料，便于演讲者演讲或修改。备注中不仅可以输入文本，而且还可以插入多媒体文件。

5.8.4 将演示文稿打包成 CD

"打包成 CD"功能允许用户将一个或者多个演示文稿放入一张独立的 CD 中。该 CD 一般情况下包含一个 PowerPoint 播放器和支持演示文稿所有文件。这意味着用户可以将多媒体的产品信息发送给客户，或者将培训资料发送给分支机构的员工，并且，即使他们没有安装 PowerPoint 也可以观看光盘中的演示文稿。

操作方法如下：

① 打开"奥林匹克运动. pptx"文稿。

② 使用"打包成 CD"功能将该演示文稿和所属素材整理到一个文件夹中。

打包演示文稿的方法是：打开演示文稿，选择"文件"｜"保存并发送"命令，单击"将演示文稿打包成 CD"按钮。

演示文稿中加入的元素越多，其容量就越大。当向"包"中添加 PowerPoint 播放器时，文件的总计大小将会非常大，或者与系统文件联系结构复杂。传输这种演示文稿的一个简单的方法是确认与演示文稿相联系的所有文件，整个演示文稿带有播放器以及容纳播放器和演示文稿的 CD 至少要 650 MB。在"打包成 CD"对话框中，单击"选项"按钮，弹出"选项"对话框，可设置是否包含播放器和演示文稿所链接的文件等信息，如图 5-52 所示。

完成选项设置后，单击"复制到文件夹"按钮可将打包文件存储在指定的文件中，单击"复制到 CD"按钮，将文件刻录到光盘上。如果演示内容安全级别较高，可选择检测不适宜信息或个人信息及设置密码。

图 5-52 "打包成 CD"和"选项"对话框

使用"打包成 CD"功能可以将演示文稿连同其附属文件传递给他人，打包过程中可以集成 PowerPoint 播放器，可以保证在没有安装 PowerPoint 的机器上播放。

5.9 实践操作

① 利用互联网搜索素材，制作演示文稿，具体要求如下：

a. 选择主题与时俱进，是近期的热点问题。

b. 演示文稿包括标题幻灯片、目录、内容和总结四大部分。

c. 标题幻灯片采用与其他幻灯片不同的背景，并且具有自动循环播放的元素。

d. 目录采用个性化项目符号，并且直接链接至每一部分的幻灯片；主题合理，可在一个演示文稿中应用两种以上颜色方案；各种类型的文字都能清晰显示。

e. 内容幻灯片上放置个性化的标志，风格统一，底部放置导航栏，可以方便地转到邻近的幻灯片、返回目录和结束放映。

f. 整个演示文稿具有跨幻灯片播放的背景音乐和视频文件。

g. 演示文稿图形、图片和 SmartArt 插图相结合。

h. 具有路径、进入和退出等多种动画效果。

i. 将整个演示文稿的放映方式设置为观众自行浏览。

j. 使用打包成 CD 功能，将演示文稿复制到文件夹中。

② 新建一个演示文稿，在该演示文稿中制作"闪烁星空"动画效果。

③ 制作以汽车宣传为主题的演示文稿，演示文稿中包括标题幻灯片及带有轮子旋转动画效果的汽车图片幻灯片。

单元 6

移动互联网与新一代信息技术

【学习目标】

- 了解智能手机的基本概念。
- 了解移动互联网的基本概念。
- 了解物联网的基本概念。
- 了解云计算的基本概念。
- 了解大数据的基本概念。
- 掌握手机版微信与 QQ 的使用。
- 掌握手机版浏览器的使用。
- 掌握二维码的制作和应用。
- 掌握手机安全软件的使用。

6.1 了解智能手机

6.1.1 智能手机的基本概念

所谓智能手机（Smartphone），是指"像个人计算机一样，具有独立的操作系统，可以由用户自行安装软件、游戏等第三方服务商提供的程序，通过此类程序来不断地对手机的功能进行扩充，并可以通过移动通信网络来实现无线网络接入的这样一类手机的总称"。简单地说，智能手机就是一部像计算机一样可以通过下载安装软件来拓展手机出厂的基本功能的手机。

既然是一部"计算机"，同样也由硬件、软件两大部分组成。

1. 智能手机的硬件

① 处理器（CPU）主频 1 GHz、1.2 GHz、1.5 GHz，1.9 GHz，2.15 GHz 以上。

② 核心数：有单核、双核、四核等，现在基本是四核和八核。

③ 显示屏：显示屏参数主要有尺寸（英寸）、分辨率、点距（每英寸点数 ppi）、面板和材质等，这些指标决定手机显示画面的大小以及清晰度。其中点距决定了清晰度，是否有颗粒感，所谓的"视网膜屏"一般是指点距达到 300ppi 以上，超出人眼分辨能力；面板类型和材质决定了显示亮度对比度、色彩还原性、视角大小等特性。

④ RAM：等同于计算机的内存，对手机运行的流畅度很重要。

⑤ ROM：等同于计算机的硬盘（系统盘），大部分手机可以通过外插 TF 卡扩展空间。

⑥ 摄像头：像素、摄像头结构、传感器类型、闪光灯支持，前置摄像头等，决定手机拍照片的优劣。

⑦ 图像处理核心（GPU）：相当于计算机的显卡。

⑧ 电池：容量大小及是否可拆卸。

2. 智能手机的软件

1）手机操作系统

安卓：安卓是 Google 公司的一款基于 linux 的开源手机操作系统，第一款安卓手机 2008 年生产，由于安卓的开源特性使其得到迅速普及，短短几年占据了智能手机系统的半壁江山，支持安卓的应用软件和软件市场也最多。目前，除了标准版本外，还有很多手机厂商开发了基于安卓的个性化操作系统，它们都支持安卓 apk 应用程序，如小米的 MIUI、华为的 EMUI、联想的 VIBE 等。

iOS：作为苹果移动设备 iPhone 和 iPad 的操作系统，在 App Store 的推动之下，成为世界上引领潮流的操作系统之一。原本这个系统名为"iPhone OS"，直到 2010 年 6 月 7 日 WWDC 大会上宣布改名为"iOS"。iOS 为非开源封闭性操作系统，苹果对 iOS 后台管控严格，只有少数类型的应用软件可以在后台运行，系统占用资源少，系统整合，安全性都比较好，运行流畅，用户体验良好。

2）APP（智能手机软件）

智能手机软件就是可以安装在手机上的软件，完善原始系统的不足与个性化。随着手机软件的发展，现在手机的功能也越来越多，越来越强大，目前发展到足以和计算机相媲美的程度。常用的微信、百度地图、手机百度、手机 QQ、淘宝，新浪微博，都是 APP。

6.1.2　智能手机上网方式

智能手机上网主要有 3 种方式：

1. 通过 Wi-Fi 接入无线局域网

通过 Wi-Fi 接入无线网络，可以简单地理解为无线上网。几乎所有智能手机、平板电脑和笔记本电脑都支持无线上网，是当今使用最广的一种无线网络传输技术。实际上就是把有线网络信号转换成无线信号，使用无线路由器供支持其技术的相关计算机、手机、平板电脑等接收。手机在有 Wi-Fi 无线信号时，就可以不通过移动、联通的网络上网，省掉了流量费。

2. 通过移动通信网络（4G、5G）上网

移动通信网络经历了 1G、2G、3G 时代，已经普及了 4G 网络，华为在 5G 领域已取得巨大优势。

从 1G 到 5G，通信技术的演进发展是革命性的，给人们的日常生活带来了巨大变化。2G 时代，手机只能打电话；3G 时代，手机可以上网浏览网页、看标清视频、使用智能应用；到了 4G 时代，手机不仅可以流畅地观看高清视频，更成为一个用途广泛的智能终端。

3. 通过 Wi-Fi 接入网络供应商的无线宽带

一般是按时间计费，速度较快；但范围受运营商热点覆盖面的限制，如电信的天翼宽带。

6.2 了解移动互联网

移动互联网（Mobile Internet，MI）是移动通信和互联网二者的结合。

移动通信和互联网成为当今世界发展最快、市场潜力最大、前景最诱人的两大业务。是一种通过智能移动终端，采用移动无线通信方式获取业务和服务的新兴业务，包含终端、软件和应用三个层面。终端层包括智能手机、平板电脑、电子书等；软件包括操作系统、中间件、数据库和安全软件等。应用层包括休闲娱乐类、工具媒体类、商务财经类等不同应用与服务。

6.2.1 移动通信技术

1. 1G，模拟信号传输

1986 年，第一套移动通信系统在美国芝加哥诞生，采用模拟讯号传输，模拟式是代表在无线传输采用模拟式的 FM 调制，将 300 Hz～3400 Hz 的语音转换到高频的载波频率上。此外，1G 通信技术只能应用在一般语音传输上，且语音品质低、信号不稳定、涵盖范围也不够全面。

2. 2G，数字调制传输

从 1G 跨入 2G 则是从模拟调制进入到数字调制，相比于第 1 代移动通信，第二代移动通信具备高度的保密性，系统的容量也在增加，同时从这一代开始手机也可以上网了。2G 声音的品质较佳，比 1G 多了数据传输的服务，数据传输速度为 9.6～14.4 kbit/s。

3. 3G，第三代移动通信标准

3G 分为 4 种标准制式，分别是 CDMA2000、WCDMA、TD-SCDMA、WiMAX。在 3G 的众多标准之中，CDMA 这个字眼曝光率最高，CDMA 是 Code Division Multiple Access （码分多址）的缩写，是第三代移动通信系统的技术基础。同样是建构在数字数据传输上上，3G 最吸引人的地方在于每秒可达 384 kbit 的高速传输速度，在室内稳定环境下甚至有每秒 2 Mbit 的水准，稳定的联机品质也利于长时间和网络相连结，有了高频宽和稳定的传输，影像电话和大量

数据的传送将更为普遍，移动通信有更多样化的应用，因此 3G 被视为是开启移动通信新纪元的重要关键。

4．4G，无线蜂窝电话协议

4G 能够以 100 Mbit/s 的速度下载数据，20 Mbit/s 的速度上传数据。

6.2.2   5G 通信技术

5G 网络（5G Network），第五代移动通信网络，是最新一代蜂窝移动通信技术。与前几代移动网络相比，5G 网络的能力将有飞跃发展。例如，下行峰值数据速率可达 20 Gbit/s，而上行峰值数据速率可能超过 10 Gbit/s；此外，5G 还将大大降低时延及提高整体网络效率；简化后的网络架构将提供小于 5 ms 的端到端延迟。

5G 给人们带来的是超越光纤的传输速度，超越工业总线的实时能力，以及全空间的连接，5G 将开启充满机会的时代。

5G 具有以下特点：

（1）峰值速率需要达到 Gbit/s 的标准，以满足高清视频，虚拟现实等大数据量传输。

（2）空中接口时延水平需要在 1 ms 左右，满足自动驾驶，远程医疗等实时应用。

（3）超大网络容量，提供千亿设备的连接能力，满足物联网通信。

（4）频谱效率要比 LTE 提升 10 倍以上。

（5）连续广域覆盖和高移动性下，用户体验速率达到 100 Mbit/s。

（6）流量密度和连接数密度大幅度提高。

（7）系统协同化，智能化水平提升，表现为多用户，多点，多天线，多摄取的协同组网，以及网络间灵活地自动调整。

6.2.3   HTML5

HTML5 被公认为下一代的 Web 语言，它被喻为终将改变移动互联网世界的幕后推手。HTML5 能够横跨智能手机、功能手机、平板计算机、笔记本计算机、PC、电视，甚至汽车等多个领域，将来必然获得更广泛支持，成为引领移动互联网内容与消费又一巨大引擎。

什么是 HTML5?它是继 HTML 4.01，XHTML1.0 和 DOM2 HTML 后的又一个重要版本，旨在消除 Internet 程序（RIA）对 Flash、Silverlight、JavaFX 一类浏览器插件的依赖。

HTML5 的多媒体特性表现在：视频播放、动画、3D 交互图像、Web 视频聊天/会议、音频的采样和混合都是 HTML5 的重要优点和应用趋势。

HTML 5 由于是标准技术，因此，不仅是 PC 及智能手机，它还很可能被其他大多数设备所采用。这样一来，如果面向 HTML5 开发应用程序，那么几乎不费劲就能支持大多数设备。这种技术的改变更贴近人们的生活。

HTML5 仿佛天生为移动应用而生，可以提供大多数现有需要插件和扩展来完成的功能，而且具备了图像增强、Web 数据存储和离线数据存储等新功能，这使完整支持 HTML5 的浏览器具有了更强的本地数据处理能力，用户可以不受各种系统平台和软件插件的限制，只需通过浏览器就可以运行这些应用。

6.3 认识新一代信息技术：物联网

顾名思义，物联网就是物物相连的互联网。有两层意思：其一，物联网的核心和基础仍然是互联网，是在互联网基础上的延伸和扩展的网络；其二，其用户端延伸和扩展到了任何物品与物品之间，彼此间进行信息交换和通信。物联网通过智能感知、识别技术与普适计算等通信感知技术，广泛应用于网络的融合中，也因此被称为继计算机、互联网之后世界信息产业发展的第三次浪潮。

物联网是互联网的应用拓展，与其说物联网是网络，不如说物联网是业务和应用。因此，应用创新是物联网发展的核心，以用户体验为核心的创新 2.0 是物联网发展的灵魂。

在 2016 年 MWC 世界移动通信大会上，5G 已经成为热词，而且 5G 与物联网应用联系在一起。

5G 的强大在于为无线网络提供关键任务型服务的能力。无线连接随处可见，但很多关键任务型的服务仍依托有线连接。5G 的一个应用场景就是在无线网络中实现所需的高可靠性，并在工业和安全方面创造全新的业务。

5G 速率更快，时延更短，支持接入网络更多、密度更大，可靠性更高，才能为关键任务型的服务提供保障能力。

科幻电影中的场景：无人驾驶、远程手术、虚拟现实，都可以在物联网的环境下轻松实现。

以"无人驾驶"为例：无须人工操纵，汽车可以自动奔驰在大街小巷，自行选择最优路径，汽车之间转向、减速、加速等任何行为，都可提前预测、告知，并自行处理，有效避免堵车、相撞。这种井然有序的交通，需要在 5G 这样的网络状态下，车辆才能具备时延低至毫秒级的反应速度，同时，5G 网络容量大，即便车流量大，也仍然可以承载大的车流量，从而杜绝交通事故。

6.4 认识新一代信息技术：云计算

6.4.1 云计算的基本概念

云计算（Cloud Computing）是基于互联网的相关服务的增加、使用和交付模式，通常涉及通过互联网来提供动态易扩展且经常是虚拟化的资源。

云是网络、互联网的一种比喻说法。过去在图示中往往用云来表示电信网，后来也用来表示互联网和底层基础设施的抽象。

狭义云计算指 IT 基础设施的交付和使用模式，指通过网络以按需、易扩展的方式获得所需资源；广义云计算指服务的交付和使用模式，指通过网络以按需、易扩展的方式获得所需服务。这种服务可以是 IT 和软件、互联网相关，也可是其他服务。它意味着计算能力也可作为一种商品通过互联网进行流通。

云计算的资源是动态易扩展而且虚拟化的，通过互联网提供。终端用户不需要了解"云"中基础设施的细节，不必具有相应的专业知识，也无须直接进行控制，只关注自己真正需要什么样的资源，以及如何通过网络来得到相应的服务。

6.4.2　云计算的关键特征

按需自助服务：消费者可以按需部署处理能力，如服务器和网络存储，而不需要与每个服务供应商进行人工交互。

无处不在的网络接入：通过互联网获取各种能力，并可以通过标准方式访问，以通过各种客户端接入使用（如移动电话、笔记本计算机、PDA 等）。

与位置无关的资源池：供应商的计算资源被集中，以便通过多用户租用模式给客户提供服务，同时不同的物理和虚拟资源可根据客户需求动态分配。客户一般无法控制或知道资源的确切位置。这些资源包括存储、处理器、内存、网络带宽和虚拟机等。

快速弹性：可以迅速、弹性地提供能力，能快速扩展，也可以快速释放实现快速缩小。对客户来说，可以租用的资源看起来似乎是无限的，并且可在任何时间购买任何数量的资源。

按使用付费：能力的收费是基于计量的一次一付，或基于广告的收费模式，以促进资源的优化利用。如计量存储、带宽和计算资源的消耗，按月根据用户实际使用收费。在一个组织内的云可以在部门之间计算费用。

6.4.3　云计算部署模式

云计算有 3 种部署模式：私有云计算、公有云计算、混合云计算。

1. 私有云计算

一般由一个组织来使用，同时由这个组织来运营。公司数据中心属于这种模式，公司自己是运营者，也是它的使用者，也就是说使用者和运营者是一体，这就是私有云。

2. 公有云计算

就如共用的交换机一样，电信运营商去运营这个交换机，但是它的用户可能是普通的大众，这就是公有云。对于中小企业而言，租用公有云可以极大节省在 IT 的投入，将大部分资产和精力放在自己的主营业务上。

3. 混合云计算

它强调基础设施是由两种或更多的云来组成的，但对外呈现的是一个完整的实体。企业正常运营时，把重要数据保存在自己的私有云里面（如财务数据），把不重要的信息放到公有云里，两种云组合形成一个整体，就是混合云。比如说电子商务网站，平时业务量比较稳定，自己购买服务器搭建私有云运营，但到了圣诞节促销时，业务量非常大，就从运营商的公有云租用服务器，来分担节日的高负荷。由于可以统一地调度这些资源，这样就构成了一个混合云。

6.4.4　云计算的商业模式

云计算有三种商业模式：IaaS，PaaS，SaaS。

1. IaaS（Infrastructure as a service，基础设施即服务）

基础设施即服务，指的是把基础设施以服务形式提供给最终用户使用。包括计算、存储、网络和其他计算资源，用户能够部署和运行任意软件，包括操作系统和应用程序，如虚拟机出租、网盘等。

2. PaaS（Platform as a service，平台即服务）

平台即服务，指的是把二次开发的平台以服务形式提供给最终用户使用，客户不需要管理或控制底层的云计算基础设施，但能控制部署的应用程序开发平台。例如，微软的 Visual Studio 开发平台。

3. SaaS（Software as a service，软件即服务）

软件即服务，提供给消费者的服务是运行在云计算基础设施上的应用程序。例如，企业办公系统。

6.5　认识新一代信息技术：大数据

大数据的本质就是物理世界在数字世界的映像，例如，每年节假日的人流迁移方向，都会在数字世界中记录。

现实世界的现象可以通过大数据分析发现其背后的逻辑关系。例如，当暴雨来临时，可以看到海鸟低飞。通过分析发现，海鸟低飞是由于很多鱼儿浮游到海水表面，海鸟可以方便地捕食；为什么鱼儿要游到海面呢？原来是暴雨来临时，水里气压增大，鱼儿浮游到海面可以更方便地呼吸。这些，都可以通过大数据分析得出表象背后的联系。

谷歌曾经做过一个实验，通过谷歌的搜索引擎，从某地搜索的词汇量，得知用户关注的热点。例如，某地搜索流感症状异常增多，判断该地流感将呈现爆发趋势。

6.5.1　大数据的定义

"大数据"（Big data）研究机构 Gartner 给出了这样的定义。"大数据"是需要新处理模式才能具有更强的决策力、洞察发现力和流程优化能力来适应海量、高增长率和多样化的信息资产。

6.5.2　大数据的作用

从某种程度上说，大数据是数据分析的前沿技术。简言之，从各种各样类型的数据中，快速获得有价值信息的能力，就是大数据技术，明白这一点至关重要，也正是这一点促使该技术具备走向众多企业的潜力。

6.5.3　大数据的 4V 特性

1. 数据容量大（Volume）

从 TB 级别，跃升到 PB 级别。

2．数据类型繁多（Variety）

相对于以往便于存储的以文本为主的结构化数据，非结构化数据越来越多，包括网络日志、音频、视频、图片、地理位置信息等，这些多类型的数据对数据的处理能力提出了更高要求。

3．商业价值高（Value）

价值密度的高低与数据总量的大小成反比。以视频为例，一个 1 h 的视频，在连续不间断的监控中，有用数据可能仅有 1~2 s。如何通过强大的机器算法更迅速地完成数据的价值"提纯"成为目前大数据背景下亟待解决的难题。

4．处理速度快（Velocity）

"1 秒定律"是大数据区分于传统数据挖掘的最显著特征。根据 IDC 的"数字宇宙"的报告，预计到 2020 年，全球数据使用量将达到 35.2 ZB。在如此海量的数据面前，处理数据的效率就是企业的生命。

6.5.4　大数据的处理

大数据技术的战略意义不在于掌握庞大的数据信息，而在于对这些含有意义的数据进行专业化处理。换而言之，如果把大数据比作一种产业，那么这种产业实现盈利的关键，在于提高对数据的"加工能力"，通过"加工"实现数据的"增值"。

从技术上看，大数据与云计算的关系就像一枚硬币的正反面一样密不可分。大数据必然无法用单台的计算机进行处理，必须采用分布式架构。它的特色在于对海量数据进行分布式数据挖掘，但它必须依托云计算的分布式处理、分布式数据库和云存储、虚拟化技术。

大数据需要特殊的技术，以有效地处理大量的容忍经过时间内的数据。适用于大数据的技术，包括大规模并行处理（MPP）数据库、数据挖掘、分布式文件系统、分布式数据库、云计算平台、互联网和可扩展的存储系统。

6.6　常用智能手机应用软件的使用

6.6.1　手机版微信的使用

微信（WeChat）是腾讯公司于 2011 年 1 月 21 日推出的一个为智能终端提供即时通信服务的免费应用程序。截至 2017 年 1 月，微信覆盖全国 95%以上的智能手机，它不仅支持跨通信运营商、跨操作系统平台，还可以通过网络快速发送文字、图片、语音和视频；同时，也可以使用通过共享流媒体内容的资料和基于位置的社交插件，如"摇一摇""朋友圈""公众平台"等。

1．手机版微信的下载和安装

通过微信的官方网站 https://weixin.qq.com/ 或在手机应用商店中下载适合手机系统的微信 APP。

安装后，在手机界面中找到微信图标，单击运行程序，输入正确的账号和密码，点击"登录"按钮，进入如图 6-1 所示的界面。

2. 手机版微信的界面介绍

1）"微信"界面

登录手机微信，默认进入"微信"界面，该界面保存着历史聊天记录，单击任意"好友或群"，进入即时聊天界面。点击右上角的"＋"号，弹出"发起群聊"、"添加朋友"、"扫一扫"、"收付款"和"帮助与反馈"5个功能菜单，如图 6-2 所示。

图 6-1　登录微信的界面

图 6-2　"微信"界面

发起群聊：选择一个或多个朋友聊天。

添加朋友：通过朋友的微信号/手机号/QQ 号中任意方式，搜索并添加好友。

扫一扫：有"二维码"、"封面"、"街景"和"翻译"4 个选项。

收付款：生成收/付款的二维码。

帮助与反馈：微信提供的快捷帮助和意见反馈等功能。

2）"通讯录"界面

点击界面下方的"通讯录"，进入"通讯录"界面，如图 6-3 所示。

新的朋友：通过查找微信号/QQ 号/手机号，添加对方为好友。

群聊：查看群聊记录，点击群进入聊天界面。

标签：对微信好友进行分类，建立标签，实现更加方便的管理和分组交流，如图 6-4 所示。

图 6-3　"通讯录"界面

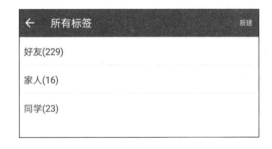

图 6-4　标签设置

公众号：查看已关注的公众号，单击进入公众号平台。公众号分为订阅号和服务号两类，前者倾向信息推送，后者侧重功能服务。

微信好友区：位于"公众号"下方，好友按拼音首字母 A～Z 顺序排列。单击好友，进入好友详细资料界面，如图 6-5 所示。

3）"发现"界面

点击界面下方的"发现"，进入"发现"界面，如图 6-6 所示。

朋友圈：查看朋友日常生活中的各种见闻趣事，用文字、照片、视频来记录生活状态的一种社交互动平台。

扫一扫：有"二维码"、"封面"、"街景"和"翻译"4 个选项。

图6-5 "详细资料"界面

图6-6 "发现"界面

摇一摇：晃动手机，搜寻世界各地同一时刻摇晃手机的用户详细资料，也可以识别周围听到的声音和电视节目的名称。

附近的人：查找附近开启位置信息用户的详细资料。

购物：单击进入第三方购物平台（如京东），选购商品。

游戏：单击进入微信游戏平台，下载安装游戏APP。

4）"我"的个人中心界面

点击界面下方的"我"，进入"我"的个人中心界面，如图6-7所示。

个人信息的设置：单击头像，进入个人信息界面。设置用户的头像、昵称和微信号（ID只能修改一次），调出用户的二维码名片，如图6-8所示。

相册：点击后进入我的相册，查看和发布个人的朋友圈信息，如图6-9所示。

收藏：点击后进入我的收藏夹，存储着文字、语音和视频。

支付：有"收付款"、"钱包"以及"腾讯服务"和"第三方服务"功能。

图6-7 "我"的个人中心页面

卡包：查看和使用会员卡、优惠券。

表情：微信表情图片的下载和管理。

设置：单击后进入微信设置界面。设置新消息的提醒、勿扰模式、聊天、隐私、通用、账号与安全、账号的退出和关闭，查看微信功能和版本，用户问题帮助和意见反馈，如图6-11所示。

图6-8　"个人信息"界面

图6-9　"我的相册"界面

3. 常用功能操作

1）微信群的创建和退出

① 建群方法：在微信界面下，点击右上角的"＋"号，在弹出的列表中选择"发起群聊"选项，选择微信好友后，点击"完成"按钮。

② 退群方法：打开群聊界面，点击右上角的"⋯"按钮，点击"删除并退出"按钮。

2）"@"（提醒谁看）在群内的使用

进入微信群聊天界面，长按一个群成员的"头像"，直到文字输入框内显示"@符号和该成员群内昵称"，在后面输入内容发送即可。

图 6-10 "我的钱包"界面

图 6-11 "设置"界面

3）分享内容到朋友圈

① 发布文字：在"发现"界面，打开"朋友圈"界面，长按右上角"相机"按钮，输入文字后点击"发送"按钮。

② 发布图片或视频：轻触朋友圈右上角"相机"按钮，点击"拍摄"或"从相册选择"按钮，确定图片或视频后，点击"发送"按钮。

③ 分享音乐：在 QQ 音乐播放器列表中，打开喜欢的音乐，点击右上角 ⋯ 按钮，选择"分享"→"朋友圈"选项。

4）添加/移除通讯录黑名单

黑名单：把好友拉入黑名单，将不再显示好友的聊天记录，对方无法给你发消息，但可以正常接收你发的消息。

① 添加黑名单：在"通讯录"界面下，单击需拉黑的好友，轻触右上角的 ⋯ 按钮，选择"加入黑名单"。

② 移除黑名单：在"我"的个人中心界面，选择"设置"→"隐私"→"通讯录黑名单"，选择需要移除黑名单的好友，轻触右上角 ⋯ 按钮，在打开的界面中打开"黑名单"。

5）微信共享实时位置

在与好友聊天框中，轻触右侧的 ＋ 按钮，点击"位置"，选择"共享实时位置"，好友加入后，双方可互查实时位置和语音对讲。

6.6.2 手机版 QQ 的使用

手机版 QQ 是腾讯公司专门为用户打造的一款随时随地聊天的手机即时通信软件。它不仅可以编写文字、发图片、语音和视频，还引入了传文件、下载铃声、玩游戏、购物、阅读、运动等功能，目前已全面覆盖各大手机平台。

1. 手机版 QQ 的下载和安装

首先，通过 QQ 的官方网站 http：//im.qq.com/或在手机应用商店中下载适合手机系统的 QQ 安装程序。

安装后，在手机界面中找到 QQ 图标，单击运行程序，输入正确的账号和密码，点击"登录"按钮，如图 6-12 所示。

2. 手机版 QQ 界面介绍

① 登录手机 QQ，默认进入"消息"界面，如图 6-13 所示。

消息框：查看当前与好友历史聊天的记录。

电话框：登录电话黄页平台、设置手机通讯录、查找手机 QQ 语音通话记录。

图 6-12　登录界面

图 6-13　消息界面

点击"消息"界面右上角的"＋"号，弹出创建群聊、加好友/群、扫一扫、面对面快传、付款、拍摄和面对面红包等功能菜单，如图 6-14 所示。

建群聊：面对面发起多人聊天或创建群/讨论组。

加好友/群：通过查找 QQ 号、手机号、群、公众号，添加附近的人和群。

扫一扫：手机取景框对准二维码，自动扫描获取信息。

面对面快传：不需要网络、不耗流量，传输速度快，现场好友间相互传送文件。

付款：在线生成一个付款的二维码，类似于支付宝、微信的付款方式。

拍摄：单击拍照，长按生成录像。录像最多不超过 10 s，编辑后存储在手机内，或通过文件形式发送。

面对面红包：现场发送随机红包或者普通红包。超过 24 h 未发送或未被领完，将返还回原账户。

② 点击界面下方的"联系人"，进入"联系人"界面，如图 6-15 所示。

新朋友：分为好友通知和手机通讯录好友推荐等功能。

群聊：查看已加入的群和讨论组，单击进入群/组的交流界面。

公众号：查看已关注的公众号，单击进入公众号平台。QQ 公众账号分为订阅号和服务号两类，这一点与微信没有区别。

特别关心：查看已关注的 QQ 好友。该组内好友信息的提示音是个性化提示音。

常用群聊：查看已关注的群，该功能在"群资料"界面设置。

图 6-14　"＋"号功能菜单　　　　　　图 6-15　联系人界面

我的好友：查看已有的分组和 QQ 好友。

手机通讯录：查看绑定手机通讯录的 QQ 好友。

我的设备：查看"我的电脑"（无需数据线，可以轻松将手机文件传输到计算机上）和"发现新设备"（搜索附近的设备，用 QQ 轻松连接设备）等功能。

③ 点击界面下方的"动态"，进入到"动态"界面，如图 6-16 所示。

好友动态：集成 QQ 空间的功能，查看好友在 QQ 空间发布的信息。

附近：查看附近的人、QQ 直播平台和新鲜的事。

兴趣部落：创建一个有同样兴趣人的论坛帖，类似百度贴吧。

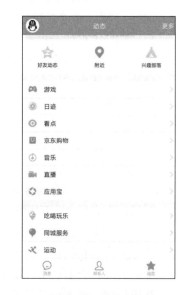

选择"动态"界面右上角的"更多"功能，开启和关闭"游戏、日迹、看点、阅读、动漫、音乐"等更多功能，显示在该界面。

④ 点击主界面左上角的 QQ 头像图片，或者向右划屏，调出 QQ 设置界面，如图 6-17 所示。

在设置界面，可查看会员特权、QQ 钱包、个性装扮、我的收藏、我的相册、我的文件等功能。

了解会员特权：QQ 会员是腾讯为用户提供的一项增值服务，涵盖了 QQ 特权、游戏特权、生活特权、装扮特权等 80 余项精彩特权。其中包括等级加速、多彩气泡、超级群、身份铭牌、个性名片等。

QQ 钱包：包括娱乐购物、资金理财、交通出游、钱包精选，并接入京东购物、美团外卖、滴滴出行等多方平台，操作更加快捷。

个性装扮：装扮聊天的气泡、软件主题、显示字体、头像挂件、QQ 名片、QQ 来电动画、聊天背景、红包界面、来电铃声等，部分

图 6-16　动态界面

装扮需要 QQ 会员或超级 QQ 会员才能设置。点击右上角的"单人头像"，可查看当前 QQ 的装扮情况。

我的收藏：存储聊天记录、空间的动态、照片、语音和视频。

我的相册：QQ 主人空间的相册。

我的文件：将手机内的文件和照片传到计算机、面对面好友快传（免流量）、备份手机相册的照片到微云等功能。

⑤ 点击左下角的设置，进入软件的设置界面，如图 6-18 所示。

图 6-17　QQ 设置界面

图 6-18　设置页面

账号管理：添加新的 QQ 账号，关联可代收新号的好友消息，以及设置 QQ 状态（在线、隐身）和账号的退出功能。

手机号码：显示和更换 QQ 已绑定的手机号码，设置启用和关闭手机通讯录、手机号码登录、设备锁、手机营业厅等功能。

QQ 达人：查看手机 QQ 连续登录的天数。

消息通知：可设置 QQ 新消息提醒音，开启或关闭"通知显示消息内容""锁屏显示消息弹框"等功能。

聊天记录：开启或关闭聊天记录漫游功能（手机和计算机端同步查看 QQ 聊天记录），能清空"消息"界面的聊天内容和清空 QQ 本地的所有聊天记录。

空间清理：扫描 QQ 空间，包括手机存储空间清理和深度清理手机空间两个功能。

账号、设备安全：修改 QQ 密码，开启或关闭 QQ 的设备锁、允许手机和计算机同步在线、手势密码锁定、手机防盗、手机安全防护、安全登录检查等功能。

联系人、隐私：设置 QQ 加好友的验证方式，好友动态权限设置、日迹设置等功能。

辅助功能：设置字体大小，开启或关闭非 Wi-Fi 环境下自动接收图片、魔法表情动画等功能。

关于 QQ 与帮助：查看手机 QQ 的版本、版本的功能介绍、QQ 印象、新手帮助、用户意见反馈等功能。

6.6.3 手机版浏览器的使用

随着智能手机的普及，手机上网的用户日益增多，上网势必不可缺少一款适合自己的浏览器，市场上手机版浏览器主要有 QQ 浏览器、UC 浏览器、搜狗浏览器、百度浏览器等。

以手机 QQ 浏览器为例介绍手机版浏览器的使用。

手机 QQ 浏览器是腾讯公司基于手机等移动终端平台推出的一款适合 WAP、WWW 网页浏览的浏览器软件。它是目前国内用户量排名第一的手机版浏览器，不仅速度快，性能稳定，还能节省上网流量和费用，有效屏蔽各种有害网站，保护用户的上网安全和个人隐私。

1. 手机 QQ 浏览器的下载和安装

首先，通过 QQ 浏览器的官方网站 http：//mb.qq.com/或在手机应用商店中下载适合手机系统的 APP。

安装后，在手机界面中找到 QQ 浏览器图标，单击运行程序，进入起始页。

2. 手机 QQ 浏览器界面功能介绍

① 软件启动后默认打开起始页（下文简称"首页"），手机 QQ 浏览器的首页有着丰富的内容和站点资源，是用户体验的第一站。用户也可以通过点击底部工具栏的首页图标打开。运行时，首页不可关闭和删除，浏览器首页顶部有搜索框（网址输入框）、二维码扫描、语音输入等功能，如图 6-19 所示。

② 点击界面底部的菜单键，可以添加书签、查看书签/历史记录、文件下载和清理痕迹、界面刷新、浏览器的设置、分享方式、浏览器工具箱、退出软件等，单击向下箭头返回浏览器界面，如图 6-20 所示。

图 6-19 起始页

图 6-20 菜单设置

③ 点击界面右下角的"▯"图标，选择"+"号，可以新建多个浏览器主页。单击可选中某个窗口，上下滑动浏览窗口，向右侧滑动关闭窗口。

3. 常用功能介绍

1）添加书签的3种方法

打开手机 QQ 浏览器，进入主界面，打开想要添加书签的网站，点击屏幕下方的"≡"图标，选择"添加书签"，可以看到"书签""主页书签""桌面书签"三项。

添加书签：选择书签，点击"保存"按钮，添加成功。在书签/历史->书签中，点击查看保存的网页。

添加主页书签：选择主页书签，点击"保存"按钮，添加成功。重新打开手机 QQ 浏览器，进入首页，在主页书签处可以查看保存的网页书签。

添加桌面书签：点击桌面书签，点击"保存"按钮，添加成功。退出手机 QQ 浏览器，回到手机桌面上，单击已保存的桌面书签，QQ 浏览器默认打开对应的网页。

2）安全性

在安全性方面，手机 QQ 浏览器的安全服务主要集中在内容安全和支付安全两个方面。

在内容方面，当用户打开一个网址，若该网址不在白名单内，手机 QQ 浏览器就会弹出一个小黄条提示该网站存在风险，用户可以选择继续浏览或关闭网页。针对数据下载和传输的安全，浏览器会对下载接收的文件和数据进行安全扫描，以确保下载内容安全，不给病毒可乘之机。

在支付方面，手机 QQ 浏览器采取安全支付插件的方式，推出财付通安全支付和支付宝安全支付。用户可以通过手机 QQ 浏览器在淘宝、拍拍等网站上购物，既快捷简单，又安全可靠。

6.6.4　二维码的制作与应用

1. 二维码简介

二维码是某种特定的几何图形按一定规律，在平面上通过二维方向分布，记录数据符号信息的图形条码。

目前，各大网站、影视娱乐节目、个人名片几乎处处可以看到二维码的影子。在网络时代，二维码满足了人们互联、智能、快速获取信息的需求。手机摄像头对准二维码扫描后，能获取其中所包含的对称信息。

二维码识别的信息密度很大，可以存储各种信息，如文字、图片、网址等。它的应用场景包括：

① 信息获取：名片、地图、Wi-Fi 密码、甚至过年的祝福短信都可以扫码获得。

② 网页跳转：扫码后，跳转到微博和手机网站。

③ 广告推送：扫码后，直接浏览商家推送的视频或音频广告。

④ 防伪溯源：查看产品生产地，后台也可以获取最终消费地。

⑤ 优惠促销：扫码后，领取使用商家促销发布的电子券。

⑥ 会员管理：扫码后，用户获取电子会员卡和相关服务。

⑦ 手机支付：扫描商品二维码，通过银行或第三方平台提供的手机端通道完成支付。

注意：二维码不会带有病毒，但是二维码引向的地址可能是一些收费软件，扫描时应该注意安全。

2. 如何制作二维码

首先，在百度首页输入"二维码"，单击"百度一下"按钮，结果如图 6-21 所示，这里单击"草料二维码生成器"超链接。

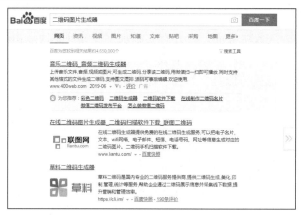

图 6-21　搜索结果

在打开的页面中输入文本，单击"生成二维码"按钮，如图 6-22 所示。

图 6-22　在线二维码生成器

右击二维码图片，选择"图片另存为"命令，保存图片，如图 6-23 所示。单击"美化器"按钮，可对二维码图片进行美化。

图 6-23　二维码的保存

6.6.5 手机安全软件的使用

随着手机智能化和网络化的普及，智能手机的功能和使用效率得到了显著提升，既为手机用户提供了极大的帮助，同时也带来了一些安全隐患。应运而生的手机安全软件开始活跃于市场，手机安装安全软件就相当于为手机安装了防火墙，可以提高手机的安全系数。

手机安全软件在现今已经逐渐发展成一套软件体系。它具有病毒查杀、骚扰拦截、软件权限管理、手机防盗及安全防护、用户流量监控、空间清理、体检加速、软件管理等高端智能化功能，全方位保护用户手机的安全性和稳定性。

目前，市场上的手机安全防护软件太多，有腾讯手机管家、百度手机卫士、猎豹安全大师、360手机卫士等。下面以用户使用较多的腾讯手机管家为例介绍手机版安全软件的使用。

腾讯手机管家是腾讯旗下一款免费的手机安全与管理软件。覆盖了多个智能手机平台，提供系统、通讯、隐私、软件、上网五大安全体系；防病毒、防骚扰、防泄密、防盗号、防扣费五大防护功能。它界面美观，功能强大，不仅是安全的专家，更是用户的贴心管家，如图6-24所示。

图6-24 腾讯手机管家相关界面截图

功能介绍如下：

① 清理加速：集垃圾清理、手机加速、瘦身、自启管理功能于一体。

② 安全防护：检查网络和支付环境，搜索系统漏洞，防止病毒木马入侵，确保隐私和账号的安全，以及手机防盗等功能。

③ 软件管理：安装包管理、软件定时更新、使用权限管理、闲置软件卸载等功能。

④ 免费Wi-Fi：搜索附近的Wi-Fi，自动检测已连接Wi-Fi的安全性。

⑤ 流量监控：设置手机流量总额度和日上线，防止用户超额使用。

⑥ 骚扰拦截：智能拦截电话、短信，以及设置黑名单拦截。

⑦ 提醒助手：设置红包闹钟、充电加速提醒、短信识别提醒等功能。

⑧ 记账助手：银行卡还款缴费的短信智能提醒。

⑨ 高级工具：开启/关闭腾讯微云、同步助手、桌面整理、电池管理等功能。

腾讯手机管家除了在日常生活中发挥手机安全护航的作用之外，对丢失的手机进行摄像头采拍、GPS 定位、通讯资料的销毁等远程管控，也是最常用的防盗方式。

腾讯手机管家在"手机防盗"中提供三大功能，分别为手机锁定、手机定位和清空数据。在用户手机丢失后，登录腾讯手机管家官网，通过三个功能实现不同的需求，如图 6-25 所示。

随着智能手机功能越来越丰富，用户受到的潜在威胁也越来越多，木马病毒、吸费软件、隐私泄露等，都是近年来比较常见的手机安全问题。因此，使用智能手机的用户，务必要选择一款手机安全软件使用，以保障手机的安全性。

图 6-25　腾讯手机管家界面

6.7　实践操作

① 在网上下载手机版微信、QQ 及手机 QQ 浏览器，体验它们的使用功能。

② 在网上下载一款腾讯手机安全软件并安装，安装成功之后体验其基础功能和安全防护功能。